AF592295

ANALYSE

DES

FAMILLES VÉGÉTALES

Par N. C. SERINGE,

PROF. DE BOTANIQUE A LA FACULTÉ DES SCIENCES DE LYON, ETC.

4 planches in-8° avec texte ou 2 planches in-4° par livraison.

Livraison .

PARIS,

VICTOR MASSON, LIBRAIRE-ÉDITEUR,

Rue de l'École-de-Médecine.

1857.

Depuis que je suis chargé de l'**Enseignement Botanique** à la **Faculté des Sciences de Lyon**, j'ai senti l'urgente nécessité d'exposer nettement les classifications que nous avons en botanique.... J'en ai présenté de très-grands tableaux, accompagnés de figures en rapport avec les caractères descriptifs. J'en ai publié plusieurs lithographiés.

J'ai émis mes dernières idées dans ma **NOUVELLE DISPOSITION DES FAMILLES.** C'est pour tendre à compléter mon enseignement que je présente actuellement en détail les caractères précis des familles.

Dans la nouvelle disposition que j'ai présentée, j'ai réduit les dénominations propres des organes, à ce que je crois de plus précis, et, en même temps, de plus simple et de plus vrai. J'ai toujours senti que cette multiplicité de noms techniques, appliqués au même organe, était un très-grave et repoussant inconvénient; elle est l'un des grands obstacles qu'éprouvent les personnes qui veulent se vouer à cette étude attrayante, l'une de celles qui causent toute la vie, surtout dans la vieillesse, les jouissances les plus douces; elle est du petit nombre de celles qui donnent les plaisirs les plus purs, les plus variés, et dont on sent chaque jour plus vivement l'utilité pratique.

Cette simplicité, ce petit nombre de noms organiques, rendent la botanique très-facile; on n'a qu'à y joindre de simples adjectifs, en employant surtout une grande précision et le plus possible des expressions faciles à saisir par toute personne qui se donne un peu la peine de réfléchir.

Mes idées sur les organes et sur leurs modifications, quoique simples, et plus intelligibles, seront, malgré cela, difficilement adoptées par quelques botanistes chez qui d'anciennes idées sont invétérées, et cela seulement, parce qu'ils ne se donnent pas la peine de se servir des expressions qui, tous les jours, tendent à s'établir malgré eux.

Je puis assurer qu'avec quelques leçons pratiques, les personnes qui n'ont encore aucune connaissance botanique, saisissent facilement les modifications organiques normales, et leurs modifications successives, si elles se donnent la peine de comprendre les explications données dans mon tableau des organes et dans la *Nouvelle disposition des Familles végétales*; j'en acquiers journellement la preuve la plus complète.

Dans une époque aussi lumineuse, où les travaux en tous genres progressent avec une énorme rapidité, il est de toute impossibilité de conserver aveuglément les anciennes idées. Il faut inévitablement marcher avec ce siècle glorieux.

Les nouvelles idées qui surgissent dans les sciences, dans les arts, sont une suite des honorables travaux de nos prédécesseurs, comme les nôtres seront une nécessité pour nos successeurs. Nous ne devons donc point repousser les travaux actuels; par l'observation et les méditations, nos successeurs feront certainement mieux que nous, et la science approchera successivement de sa perfection.

CAPPARISACÉES.

(*Lindl.*, *introd. bot.*, *éd.* 2, *p.* 61 (1).

Plantes rarement ligneuses.

Organes verts souvent munis de poils glanduleux.

Feuilles alternes, entières ou palmatilobées, plus rarement à fibres pennées; parfois accompagnées d'aiguillons stipulaires.

Fleurs complètes, souvent presque régulières, solitaires, aux aisselles des feuilles ou en grappes simples avec bractéoles.

Axe-floral parfois très court et plus ou moins tuméfié, donnant immédiatement naissance aux pétales et aux étamines, ou mince et prolongé entre les pétales et les étamines et constamment entre les étamines et les carpels.

Sépales 4, opposées 2 à 2, bord sur bord, souvent persistants, libres ou rarement unis.

Pétales 4, alternes avec les sépales, régulièrement ou irrégulièrement bord sur bord, toujours inégalement dirigés.

Étamines ordinairement 6, ou plus, à longs filets, naissant immédiatement au dessus des pétales (*Caprier*), ou de dessus l'axe prolongé (*Gynandropse*). Anthères ouvrant en dedans par deux fentes longitudinales parallèles, et fixées au filet un peu au dessus de leur extrémité inférieure.

Carpels 2, ablamellaires, *unis dans toute leur étendue, en un capitel oblong*, presque toujours *porté sur un prolongement terminal de l'axe de la* fleur; rarement charnu et ne s'ouvrant pas, ou bien chaque battant ou valve abandonnant les bords porte-graines, qui restent intimément unis. Ces deux battants en tombant laissent au sommet de leur support un cadre très allongé,

(1) *Capparidées* et *Capriers* des auteurs. *Capparidacées*. A. Rich., hist. nat. méd. 3, p. 378 (1849).

qui paraît simple, mais qui portait au moins de chaque côté deux rangées de graines.

GRAINES sans arille, *irrégulièrement* courbées, à la manière de celles des *Résédacées*. Racine fléchie sur le dos de l'un des deux colytes et dirigée vers le hile. Endoderme parfois tuméfié; albumen nul.

Cette famille a des rapports avec les BRASSICACÉES et les RÉSÉDACÉES ; mais elle se distingue facilement de la première, parce que le capitel n'a pas de cloison membraneuse qui le sépare en deux loges, et que la dernière présente le nombre ternaire ou quaterne. Le capitel des RÉSÉDACÉES a en outre un mode tout particulier de s'ouvrir par le sommet, longtemps avant la maturité des graines.

Cette famille se divise en deux sous-familles ; elle ne renferme qu'un petit nombre de genres.

Sous-fam. 1, CAPPARÉES.

(CAPPAREÆ, *A.-P. Cand.*, *prodr.* 1, *p.* 252. — (1824).

Capitel presque charnu, non ouvrant ; feuilles non lobées, à fibres pennées ; plantes plus ou moins ligneuses.

Genr. 1, CAPRIER.

(CAPPARIS, *Tournef.*, *inst.* 1, *p.* 261, *tab.* 139. — (1719).

RAMEAUX longs et garnis de feuilles alternes, *à fibres pennées* et munies *d'aiguillons stipulaires*. Boutons irrégulièrement ovoïdes-cubiques (c'est ce qui forme les *Câpres*).

FLEURS *solitaires* axillaires, grandes et élégantes, un peu irrégulières, par le sépale supérieur, qui pince les deux bords internes des pétales supérieurs et les empêche de s'épanouir autant que les inférieurs.

SÉPALES foliacés en dessous, pétaloïdes en dessus, persistants.

PÉTALES très grands, presque circulaires, à courts onglets, nais-

EXPLICATION

des planches des CAPPARISACÉES 1.

CAPRIER ÉPINEUX

(*Capparis spinosa*).

1. Sommité d'un rameau, portant ses feuilles alternes, ovales, entières, munies à leur base, de stipules épineuses, et, à leur aisselle, d'un bouton, ou d'une fleur de grandeur naturelle. — Ce sont ces boutons qui, placés dans le vinaigre, forment nos capres, qui sont d'autant plus estimées qu'elles sont plus petites.

2. Fleur, vue en-dessus. — S. Sépale supérieur, pinçant la base des deux bords intérieurs des pétales supérieurs. — P. Pétales. — E. Étamines nombreuses, libres — C. Capitel portant l'axe floral longuement prolongé.

3. Sépales 4, libres; le supérieur, plus grand que les autres, serre étroitement les deux bords intérieurs des sépales supérieurs. Au centre, il ne reste plus que le capitel, porté sur l'axe très prolongé.

4. Coupe transversale d'une fleur (grossie). — En haut, son sépale supérieur, pinçant les deux bords internes des pétales supérieurs. Deux autres sont latéraux, et un inférieur. Plus en dedans sont les quatre pétales. Encore plus en dedans, les ponctuations, placées circulairement rappellent les filets, et enfin au centre sont les carpels, représentés par un cercle.

5. Une anthère grossie, vue par sa dorsale.

6. Une autre anthère, vue par sa face où l'ouverture se fait.

7. Un capitel (fruit) de grandeur naturelle.

8. Coupe transversale d'un capitel, montrant trois carpels diachylocarpaire (à graines pariétales).

9. Autre coupe transversale d'un capitel, pour montrer divers points de départ de graines (toujours), nées des deux bords porte-graines d'un même carpe écartés l'un de l'autre, mais unis aux voisins.

10. Embryon (grossi) roulé en spirale plate, et dont les cotyles se trouvent au centre.

Planche CAPPARISACÉES 2.

Genr. CLÉOME et GYNANDROPSE.

1. Sommet d'une ramification de *Cléome piquante* (*C. pungens*) de grandeur naturelle. — S. Sépales ; — P. pétales, tous ascendants, quoique alternes avec les sépales, par leur point de départ. — E. Six étamines à filets divergeants, mais dans le bouton (S. E. P.) comme les pétales se développent tard, les filets des étamines, qui n'éprouvent pas de résistance latérale, s'allongent et tendent à se dégager.

2. Voir après, la fig. n° 12, qui appartient à un autre genre.

3. Capitel jeune de la même *Cléome*, formé de deux carpels ablamellaire ou diachilocarpaire, unis par leurs carpes, leurs styles très courts, et leurs deux gros stigmates,

4. Capitel en fruit et pédicelle de grandeur naturelle.

5. Capitel jeune, dont on a enlevé presque la moitié, pour montrer la position alterne des graines d'un carpe.

6. Portion de filet et anthère (grossis), vus par leur face interne. Elle offre trois sillons : l'un dû à l'adossement des deux loges, les deux autres sont les lignes par où se fera leur déhiscence.

7. La même étamine, vue par sa face externe ou qui répond aux pétales.

8. La même que la fig. 6, mais ouverte.

9. Une feuille dans son attitude de nuit, et offrant ses lobes pendants, tandis que celle qui tient au rameau de fleur (n° 1) présente l'attitude de jour.

10. Coupe transversale d'une fleur pour montrer la position des parties qui la forment (sépales, pétales, étamines et carpels unis).

11. Graine grossie, courbée en hélice, et présentant les sommets de sa racine et de ses cotyles dirigés vers le hile (ou cicatrice de la graine).

12. La même, coupée en long, pour montrer très distinctement la forme de l'embryon courbé.

GYNANDROPSE OPHITOCARPE.

2. Différence dans l'état de l'axe de la fleur, très prolongé entre les pétales et les étamines, et entre les étamines et le capitel normalement, et court entre les sépales et les pétales dans la plupart des fleurs.

HELLÉBORACÉES.

(*Loisel. et Marq. dans Merat flor. par., ed.* 3, *vol.* 2, *p.* 419. — (1831), *en excluant le genre Pivoine, et Seringe. flor. pharm.*, 74. — (1852) (1).

PLANTES toujours herbacées. — RACINES fibreuses et rarement renflées. — TIGES souterraines, vivaces dans quelques espèces, et alors prises pour des racines (Rhizomes). — FEUILLES simples, alternes, à fibres pédalées ou palmées, mais plus ou moins profondément lobées. Pétiole dilaté à sa base, en forme de stipules. — FLEURS carpanthérées, souvent irrégulières. — *Sépales pétaloïdes* irrégulièrement bord sur bord (souvent pris pour des pétales). — *Pétales* rarement nuls (*Calthe*), *souvent peu visibles* et de formes très bizarres. — *Etamines* nombreuses, libres, ouvrant par deux fentes longitudinales latérales. — *Carpels* 1-6, libres (excepté dans les genres 6 et 7), ouvrant par désunion des bords porte-graines. — *Graines* nombreuses, horizontales, à *derme souvent très plissé*. Embryon droit, très petit, dans un grand albumen corné. Colytes foliacés à la germination. — PLANTES à suc aqueux, acre et vénéneux.

§ 1.

Fleurs complètes régulières. Carpels libres.

Genr. 1. HELLÉBORE.

(HELLEBORUS, *Tournef.*, *en excluant quelques espèces*.)

PLANTES herbacées, fleurissant souvent en hiver ou au premier printemps. — FEUILLES souvent persistant d'une année à l'autre.

(1) *Renunculacées trib. Helléborées*, A.-P. de Gand., syn. flor. gall. 1, p. 130 et 306 (1818).

simples mais profondément pédatilobées. — SÉPALES 5, foliacés-pétaloïdes, persistant sans s'accroître sensiblement. — PÉTALES 5-15, *en cornet très étroit à leur base, et évasés au sommet, beaucoup plus courts que les sépales* et cachés par ceux-ci. — ETAMINES très nombreuses et libres, anthères échancrées aux extrémités. — *Carpels* 3-7, coriaces, ovales rassemblés *en capitel déprimé.* — GRAINES elliptiques, disposées en un seul rang sur chaque bord porte-graine.

Genr. 2. ISOPYRE.

(ISOPYRUM, *Linn.* — OLFA, *Adams*).

RACINES fasciculées, fusiformes, nombreuses. — FEUILLES naissant de la tige filiforme, deux fois trilobées, lobes pétiolulés. — FLEURS peu nombreuses en cime très lâche. — SÉPALES 5, blancs et pétaloïdes. — PÉTALES 5-7, très petits, en cornets très étroits et à deux lèvres. — ETAMINES nombreuses, plus longues que les pétales. Carpels 2-3, sessiles, presque vésiculeux. — GRAINES ponctuées.

Genr. 3. ERANTHE.

(ERANTHIS *Salisb.*).

Tige très courte, renflée, souterraine, couverte de petits tubercules. — FEUILLES à 5-6 lobes cunéiformes rayonnants. — FLEUR unique, jaune, entourée de bractées oblongues-linéaires tridentées très printanières. — SÉPALES 5-6, pétaloïdes, presque circulaires, imitant les pétales d'une *Ficaire renoncule.* — Pétales courts, 10-12, en cornets, à deux lèvres. Axe floral très saillant et terminé par 5-7, carpels saillants et écartés à la manière des *Calthes.*

Genr. 4. ANCOLIE.

(AQUILEGIA, *Tournef., inst.* 428, *t.* 242. — (1719).

FEUILLES lobées, à lobes pétiolulés. — SÉPALES 5, oblongs, semblables, pétaloïdes. — PÉTALES 5, libres, en cornets, dont le sommet est en l'air et présente dans le fond un suc mielleux et vénéneux.

Genr. **10. DAUPHINELLE.**

(Delphinium, *Tournef.*, *inst.* 426. *t.* 241. — (1719).

Feuilles palmatilobées. — Fleurs en grappes simples. — Sépales 5, pétaloïdes presque semblables ; quant à leurs lames, le supérieur prolongé en éperon conique, les quatre autres sans éperon. Pétales 4 ; 2 supérieurs, prolongés chacun en demi-éperon, qui sont engagés dans le sépale supérieur ; 2 latéraux parfois unis aux supérieurs, l'inferieur *o*. 1-3 carpels.

EXPLICATION

de la planche des HELLÉBORACÉES.

HELLÉBORE NOIR.

1. Port de la plante, presque de grandeur naturelle. — R. Racine, T. tige, F. feuille. — 2. Bractéole souvent entière. — 3. Fleur un peu réduite. S. sépales, C. carpels. Les pétales sont cachés par les sépales. — 4. Pétales de grandeur naturelle et celui de droite grandi. — 5. Étamine grossie. — 6. Coupe transversale d'une anthère grossie. — 7. Fleur grossie pour montrer la position des organes, S. sépale, AX axe floral, P. Pétale, E. étamine, C. Carpels, C' style, C'' stigmate. — 8. Quelques parties de la fleur (diminuées), S. sépales, C. carpels, AX. axe floral, duquel se sont détachés les pétales et les étamines. — 9. Carpel ouvert (forcément), grossi. — 10. graine de grandeur naturelle.

- SÉPALES . . .
  - persistants . . . .
  - caducs ; carpels . . .
    - libres : fleurs .
      - complètes .
        - régulières
        - irrégulière
      - incomplètes . . . .
    - unis .
      - à peine par leur base. . . .
      - par tout leur carpe. . . .

. . . . **HELLÉBORE** 1.

en grappe . **ISOPYRE** 2.

Pétales en cornets dressés, fleurs . .

solitaire . . **ÉRANTHE** 3.

ales oblongs .

Pétales en cornets réfléchis et en forme de longs éperons. **ANCOLIE** 4.

ales circulaires . . . . **TROLL** 5.

le supérieur en casque . . . . **ACONIT** 9.

ale supérieur en éperon conique. . . . . **DAUPHINELLE** 10.

. . . . **CALTHE** 8.

. . . . **NIGELLASTRE** 7.

. . . . **NIGELLE** 6.

— Etamines nombreuses, filets filiformes, ceux sans anthères laminés, comme demi-pétaloïdes. — Carpels 5-8, libres, oblongs.

Genr. 5. TROLLE.

(Trollius, *Linn.*, *gen.*, n° 700).

Plantes vivaces. — Racines noires et nombreuses. — Feuilles inférieures longuement pétiolées. — Fleurs longuement pédicellées, globuleuses, solitaires. — Sépales 10-15, pétaloïdes, concaves, infléchis, caducs, très grands. — Pétales 10-20, très petits, roulés en cornets peu évasés, étroits, comme obliquement tronqués. Etamines très nombreuses. — Carpels très nombreux, sessiles, secs, transversalement fibrés.

§ 2.

Fleurs complètes régulières, carpes unis.

Genr. 6. NIGELLE.

(Nigella, *Tournef.*, *inst.*, p. 258, t. 134. — (1719).

Feuilles étroitement palmatilobées. — Fleurs en cime, régulières. — Sépales 5, libres, pétaloïdes, étalés. — Pétales 5-10, très petits, de forme extrêmement bizarre. — Carpels 5, unis par leur carpes, libres par leurs styles et leurs stigmates qui sont écartés, et s'ouvrant aux dorsals.

Genr. 7. NIGELLASTRE.

(Nigellastrum, *Mœnch.*, *meth.*, p. 311. — (1794).

Plantes annuelles, peu apparentes — Feuilles très étroitement pennatilobées. — Sépales 5, pétaloïdes, jaunes. — Pétales 5-10, à 2 lobes dissemblables. — Carpels 6-12, à peine unis par leur base, ouvrant par désunion des bords porte-graines. Dorsale accompagnée de deux grosses fibres parallèles. — **Graines** aplaties, circulairement ailées, empilées sur un seul rang.

§ 3.

Fleurs sans Pétales, mais à Sépales pétaloïdes.

Genr. 8. CALTHE.

(Caltha, *Linn.* (1) *non Tournef.*).

Feuilles réniformes, fibres palmées. — **Fleurs** à grands sépales verdâtres en dessous, jaunes en dessus et pétaloïdes. **Pétales** *o*. (excepté dans les fleurs doubles). — Etamines nombreuses. — Carpels assez nombreux, libres, étalés, à stigmates presque sessiles.

§ 4.

Fleurs irrégulières.

Genr. 9. ACONIT.

(Aconitum, *Tournef.*, *inst.* *p.* 424, *tab.* 239 *et* 240).

Racine souvent charnue, durant en apparence plusieurs années, mais périssant en partie chaque année après le développement complet de la tige de l'année qui donne naissance à de nouvelles racines et tiges ; ces dernières en bourgeons seulement. — **Feuilles** à fibres palmées, plus ou moins profondément lobées. — **Fleurs** très irrégulières. — **Sépales** 5, pétaloïdes, 1 grand supérieur, en voûte plus ou moins prolongée, cachant deux pétales à longs onglets et dont la lame est en forme de corne d'abondance, sécrétant au sommet un suc mielleux, vénéneux ; les 8 autres pétales réduits le plus souvent à la base de leur onglet, et visibles surtout dans les espèces à fleurs bleues. — Carpels 3-5, libres.

(1) Qui a eu la malheureuse idée d'abandonner le mot *Populago* des anciens, pour prendre le mot *Caltha*, qu'ils appliquaient au souci (*Calendula* Linné), tandis que cet auteur aurait dû employer le mot *Caltha*.

HYPÉRICACÉES.

(Hypericaceæ, *Lindl.*, *introd.*, *éd.* 2, *p.* 77) (1).

Plantes herbacées et souvent vivaces.

Feuilles opposées, sessiles, présentant souvent, dans leur tissu, des glandes demi-transparentes, qui les font paraître (à la loupe) comme trouées.

Fleurs complètes, regulières, en cime, souvent jaunes.

Sépales 5, irrégulièrement bord sur bord, à peine unis par leur base, persistants, inégaux.

Pétales 5, régulièrement bord sur bord, alternes avec les sépales, souvent glanduleux comme les organes foliacés.

Etamines nombreuses, unies en plusieurs faisceaux par les filets, à anthères ouvrant en dehors.

Carpels 3-5 unis, par leurs carpes seulement, mais dont les deux bords (du même carpe) ne sont pas unis l'un à l'autre, mais avec deux autres bords d'un autre ou de deux carpes, et laissent toujours, au centre du capitel, un vide par une union commune, ouvrant aux dorsales, rarement constamment clos et comme charnu.

Graines très nombreuses, très petites, sans albumen.

Embryon droit, à racine souvent plus longue que les cotyles.

Genr. 1, MILLEPERTUIS.

(Hypericum, *Tournef.*, *inst.*, *p.* 154, *tab.* 171. — (1719).

Sépales inégaux, persistants et dressés après la fleuraison. — Pétales restant longtemps fanés sur place.

Capitel s'ouvrant du sommet en long sur les dorsales.

Genr. 2, ANDROSÈME.

(Androsæmum, *Tournef.*, *inst.*, *p.* 231, *tab.* 128. — (1719).

Sépales réfléchis après la fleuraison.

Pétales tombant après la fleuraison.

Capitel comme charnu, souvent coloré, s'ouvrant à peine au sommet ou restant clos.

(1) ***Hyperica*** ou ***Millepertuis***, A.-L. de Juss., gen. 254. ***Hypéricinées***, Lamk. et de Cand., flor. franç. 4, p. 860 (1805). ***Hypéricées*** Fée, hist. nat. pharm. 1, p. 530 (1828).

EXPLICATION

de la planche des HYPÉRICACÉES.

NORYSKA OU ANDROSÈME DE LA CHINE.

1. Plante de grandeur naturelle.

2. Feuille isolée (grossie), pour montrer sa fibration.

3. Pétale d'un obovał irrégulier.

4. Faisceaux d'étamines.

5. Etamine (grossie), dont le filet est prolongé au-dessus de l'anthère.

6. Coupe transversale d'une fleur (grossie), montrant (en S) les sépales, en P, les pétales régulièrement bord sur bord, en E, les cinq faisceaux d'étamines, en C, les carpels unis. Chaque faisceau de graines qui semblent provenir du même carpe, appartient à deux demi-carpes. Les lignes enfoncées de la circonférence du capitel répondent aux dorsales.

7. Deux bords de deux carpels différents, unis.

MILLEPERTUIS DE SIBÉRIE.

8. Capitule, montrant les pétales et les étamines fanés sur place.

9. Une graine (grossie), avec le funicule qui soulève l'exoderme pour le passage du funicule interne, qui va s'ouvrir à l'autre extrémité.

10. Embryon droit, avec son derme, coupé en long.

11. Embryon seul (grossi).

Brassicacées, mais *porté par un très long* prolongement de l'axe de la fleur au-dessus de la naissance des étamines. Cette sous-famille renferme des espèces souvent à odeur très forte par les poils glandulifères de leurs organes verts. (Voir Seringe, *Flore des Jardins*, t. 1, p. 148, pour les espèces d'ornements.

Le genre *Gynandropse* (capp. 2, *au bas de la planche*) ne diffère des Cléomes qu'en ce que l'axe de la fleur est prolongé non-seulement entre les étamines et le capitel, mais aussi entre les pétales et les étamines. (Les sépales et pétales sont seuls immédiatement superposés, comme on trouve ordinairement tous les rangs d'organes floraux empilés les uns sur les autres.)

sant immédiatement au dessus des sépales et alternes avec eux. — ETAMINES sur plusieurs rangs, naissant aussi immédiatement au dessus des pétales, sans laisser d'intervalle entre ces deux rangées d'organes, très étalées dans tous les sens. Anthères ouvrant en dedans par deux fentes parallèles. — CAPITEL porté par une longue prolongation de l'axe floral, terminé par 3-6 styles unis en colonne courte et dilatée, en stigmate hémisphérique. — GRAINES plongées dans la pulpe.

Sous-fam. 2, CLÉOMÉES.

(CLEOMEÆ, *A.-P. de Cand.*, *prodr.* 1, *p.* 238. — (1824).

Fleurs en grappes simples. — Capitel ouvrant à la maturité, valves se déchirant des bords porte-graines. — Feuilles à fibres rayonnantes, à lobes imitant des feuilles composées-palmées par la division plus ou moins profonde de leur lame.

Genr. 3, CLÉOMÉ (1).

(CLEOMÉ, *A.-P. de Cand. prodr.* 1, *p.* 238. — (1824) (2).

PÉDICELLES dressés avant et pendant la fleuraison, puis réfléchis. — Axe de la fleur très court entre les 3 premiers rangs d'organes floraux. — *Sépales* 4, très étroits. — *Pétales* 4, alternes avec les sépales, mais rejetés vers la partie supérieure de la fleur. — ETAMINES 6, à très longs filets étalés ; anthères oblongues, se contractant beaucoup après l'émission du pollen. — CAPITEL oblong, imitant le fruit des

(1) On a aussi le mot *Mozambé*, mot à peine connu, et trop éloigné de celui de *Cleome*, qu'il faut nécessairement admettre et empêcher que l'autre se vulgarise.

(2) Quelques espèces du genre *Cleome* de Linné.

NYMPHÉACÉES.

(*Sering.*, en excluant tous les genres des auteurs, excepté les *Nymphæa*)

Plantes vivaces, à tige cylindrique, horizontale, croissant dans la vase des marais.

Feuilles alternes, à longs pétioles cylindriques, lame circulaire-cordiforme, flottant sur l'eau, très lisse et luisante en dessus. Pétioles et pédicelles creusés longitudinalement de longs canaux visibles à l'œil nu, en les coupant en travers, et portant des faisceaux de poils rayonnants.

Fleurs solitaires, axillaires, longuement pédicellées, de couleurs différentes dans les espèces.

Sépales 4-6 oblongs, entiers, verdâtres en dehors, blancs ou bleus en dedans, libres entre eux, très utriculeux, ainsi que les pétales et charnus.

Pétales sur plusieurs rangs, libres (entre eux), décroissant toujours vers le centre, mais successivement plus adhérents au capitel, sur lequel ils laissent à leur chute des cicatrices disposées en spirale.

Étamines très nombreuses, adhérentes aussi au capitel, et dont les filets diminuent successivement de largeur, à mesure que la grandeur des anthères augmente. Anthères à loges un peu écartées, ouvrant en dedans par deux fentes parallèles.

Carpels nombreux, unis dans toute leur longueur en un capitel ressemblant beaucoup à celui du genre *Pavot*, mais à carpes complétement clos ; stigmates sessiles rayonnants, mais chaque rayon formé de deux bords porte-graines, appartenant à deux carpes, comme dans les Papavéracées.

Graines pendantes, très nombreuses, entourées d'un funicule dilaté en membrane repliée sur elle-même (arille) et distendue par un suc qui la rend transparente, à la manière des Cucurbitacées. *Derme* ponctué (à la dessication), relevé d'un côté d'une ligne qui indique la continuation du funicule dans le mésoderme et va traverser l'endoderme vers le sommet de la graine. Albumen grand, renfermant un petit embryon.

Cette famille, qui a déjà subi plusieurs dédoublements, doit encore être divisée et nécessairement réduite au genre *Nymphée*; car le *Nuphar* qu'on a cru devoir y laisser ne peut s'y rapporter. Les NYMPHÉACÉES ont un caractère vraiment unique, c'est l'adhérence des sépales, pétales et étamines (libres entre eux), mais adhérents aux carpels unis. La famille des *Nymphéacées* offre aussi, sans être double, ce caractère de multiplicité de pétales, qui est presque unique. On a longtemps cru qu'un disque charnu entourait les carpels : il n'en est rien, ni dans les NYMPHÉES, ni dans les NUPHARS, ni dans d'autres genres qui étaient rapportés à cette famille. Ainsi ces deux genres constituent pour moi chacun une famille, comme les NÉLUMBIUM en constituent une troisième et la VICTORIA une quatrième enfin, qui sont NYMPHÉACÉES, NUPHARACÉES, NÉLUMBIACÉES, EURIALACÉES.

On a donné des analyses chimiques des tiges des *Nymphées*, dit-on; cela peut être vrai, mais il sera bon de distinguer très nettement celles de la *Nymphée blanche* de celles du *Nuphar jaune*, ce qui est d'ailleurs très facile; car dans la *Nymphée* les cicatrices des pétioles et celles des pédicelles sont circulaires et extrêmement rapprochées, tandis que celles des *Nuphars* présentent deux formes toujours très distantes et très distinctes; celles que laissent les feuilles sont manifestement angulaires, tandis que celles laissées par les pédicelles sont parfaitement circulaires. Les tiges des *Nymphæa* sont fermes, celles des *Nuphars* sont au contraire de la consistance de la chair de la pomme.

BERBÉRISACÉES.

(*Sering.*, *tabl. fam.* 1843, *et flor. pharm.* 89. — (1852). (1).

ARBUSTES, ou plantes herbacées.

FEUILLES à fibres pennées, simples ou composées.

BRACTÉOLES, SÉPALES, PÉTALES et ETAMINES, *perpendiculairement placés les uns sur les autres*, *caducs*.

ANTHÈRES s'ouvrant, *comme à charnière de bas en haut*, par des valves, persistant jusqu'à la chute de l'étamine.

CARPEL solitaire, oblong.

GRAINES oblongues, dressées; funicule s'engageant par la petite extrémité, traversant la moitié de la longueur du mésoderme et s'ouvrant à l'extrémité. Racine renflée au sommet.

Sous-fam. 1, BERBÉRIDÉES.

ARBUSTES à feuilles simples ou composées.
PÉTALES concaves, 6.
FLEURS en grappes simples ou composées, jaunes.
Carpels charnus ou au moins ne s'ouvrant pas.

Genr. 1, BERBÉRIS ou VINETIER.

(BERBERIS, *C. Bauh.*, *pin.* 323, *et Tournef*, *inst. p.* 232, *tab.* 117. — (1719).

FEUILLES simples, coriaces, caduques.
FLEURS en grappes simples.
PÉTALES 6, munis de glandes à leur base.
ETAMINES non dentées.
CARPEL ovoïde, oblong, rouge.
GRAINES 1-2, oblongues. Albumen charnu.

(1) *Berbéridées*, Vent. tabl. regn. vég. 3, p. 83 (1799). — *Berbéridacées*, A. Rich., élém. hist. nat. méd. 3, p. 480 (1849). — *Berbéracées*, Lindl., introd., éd. 2, p. 7. — *Papavéracées* trib. *Berbéridées* Reichenb., syst. nat., p. 265. — Tournefort avait placé le genre *Epimedium* à la fin de ses *Crucifères*.

Genr. 2, MAHONIE.

(MAHONIA, *Nutt. gen. am.* 1, n° 307).

FEUILLES *composées, persistantes.*
FLEURS en grappes, composées.
PÉTALES 6, non accompagnés de glandes.
CARPEL charnu, renfermant 3-9, graines.

Genr. 3, NANDINE

(NANDINA, *Thunb. nov. gen.* 1 *p.* 14).

Arbuste.
FEUILLES plusieurs fois pennatilobées, non épineuses.
FLEURS paniculées, blanchâtres.
PÉTALES non glanduleux..
CARPEL sphérique comme charnu (mais sec).
GRAINE 1-2, convexe d'un côté, concave de l'autre.

Sous-fam. 2, ÉPIMÉDIÉES.

(*Sering. manus.*).

PLANTES herbacées, vivaces, à TIGE souterraine, couchée.
PÉTALES 4, courbés en capuchon et munis d'appendices.
CARPEL 1, à style latéral, ouvrant par désunion des deux bords porte-graines.
GRAINES en travers du carpe.

Genr. 4, EPIMÈDE.

(EPIMEDIUM, *Tournef.*, *inst.* 232, 117. — (1819).

Les caractères de la sous-famille sont en même temps ceux de ce genre.

On rapporte aussi à cette famille quelques genres encore peu connus, tels que : DIPHILLEIA, BONGARDIA, LÉONTICE, JEFFERSONIA, VANCOUVERIA, ACCRANTHUS.

EXPLICATION

de la planche des BERBÉRISACÉES.

BERBÉRIS COMMUN.

1. Grappe de fleurs } de grandeur naturelle (tout le reste grossi).
2. — fruits }

3. Germination présentant deux cotyles ovales entiers et deux feuilles dentées, pétiolées.

4. Fleurs de *Berberis* grandie, présentant en S les sépales ; — P les pétales ; — E les étamines ; — C le carpel.

5. Anthère dont les loges sont encore closes.

6. Anthère dont une loge seule est ouverte (par charnière de bas en haut).

7. Portion de fleur : — Br. bractéole ; — S. sépale ; — P. pétale concave ; — E. étamine encore fermée ; — C. carpel surmonté de son large stigmate.

8. Carpel jeune, ouvert en long et présentant intérieurement deux jeunes graines.

9. Le même (grossi) à l'état de fructification (le carpe s'est beaucoup dilaté et le style très court, ainsi que le stigmate, se sont contractés).

10. Graine (grossie) dont la base est pointue, plus haut une ligne saillante, qui est le funicule continué jusqu'au sommet, soulevant l'exoderme.

11. Coupe longitudinale d'une graine, en dehors son derme, plus intérieurement son albumen, qui renferme un embryon droit et dressé.

12. Feuille de grandeur naturelle, en partie réduite en épines.

13. La même réduite à ses premières fibres, et formant les aiguillons persistants sur les rameaux.

ÉPIMÈDE ALPIN.

14. Fleur d'*Epimède* (grossie) ; — Br. bractéole. — S. sépales, plus intérieurement pétales, et enfin au centre les étamines.

15. La même épanouie (également grossie) ; — S. sépales ; — P. pétales en capuchon ; — E. étamines.

16. Étamines non ouvertes (grossies).

17. Étamine ouverte, toujours par charnière de bas en haut.

18. Carpel (grossi) dont on a coupé longitudinalement presque la moitié, pour montrer les graines transversalement placées. D'ailleurs le carpe est surmonté par un long style et son stigmate.

EXPLICATION

de la planche des NYMPHÉACÉES.

X. Fleur de *Nymphée blanche* (*Nymphæa alba*), de grandeur naturelle.

E. Pétale du rang intérieur passant à l'état d'étamine, dont les deux anthères commencent à se montrer. A la droite de ce *pétale-anthéré* est une étamine du rang le plus intérieur.

E. A gauche, la coupe grossie d'une anthère, dont les deux loges sont séparées par la fin du filet ; à droite, une étamine grandie pour montrer en entier son filet et les loges de l'anthère.

S. E. C^{re} P. Un capitel de carpels unis, et dont les cicatrices présentent en S le point de désarticulation des sépales. En P ceux des pétales, et E les cicatrices qu'ont laissé plusieurs spires d'étamines, et en C^{re} les stigmates. Ces trois premiers organes étaient donc libres (entre eux) et adhérents aux carpes (unis).

K. Les mêmes organes que dans la figure précédente jeune, tandis que dans ces deux ci, elles représentent le capitel près de sa maturité. Celle de gauche offre le capitel entier et de grandeur naturelle, tandis que celle de droite le présente coupé en long, pour montrer les nombreuses graines qu'il renferme.

K. 1. Le même capitel, privé de son exocarpe, et en avant des trois membranes carpellaires.

K. 2. Ce même capitel coupé en travers pour montrer les parties rentrantes des carpels et au centre la réunion des bords porte-graines.

JJ. Coupe transversale grossie d'une pétiole et d'un pédicelle présentant de grandes lacunes utriculaires (canaux), et dans quelques-unes, s'aperçoivent des poils parfois fasciculés. JJ * Poils-charnus, figurant (à la coupe) des épines.

F. Moitié de feuille avec sa fibration rayonnante, vue en dessous.

G. Graine dégagée de son funicule arillé.

G. Graine (grossie) dégagée de son funicule arillé (ou arille) qui la surmonte (en forme de ballon oblong).

G. 1. et A R. Graine enveloppée dans son arille (le tout grandi).

A R. La même graine dont on a enlevé la moitié antérieure de l'arille.

G. 2. La graine (accrue) dont le sommet dépasse l'arille.

G. Graine (très grossie) privée de son arille, et dont on a enlevé une partie de l'exoderme, qui est déjeté à gauche.

PAPAVÉRACÉES.

(Papaveraceæ, *A.-P. de Cand., syst. reg. 2, p. 67* — (1821).
Sering., flor. jard. 1, p. 565, pl. vi. — (1845) (1).

Plantes herbacées, à suc propre d'apparence laiteuse, blanc ou rarement jaune ; souvent d'une odeur vireuse et narcotique.

Tige et rameaux cylindriques.

Feuilles alternes, à fibres pennées et simples, sans stipules, plus ou moins profondément pennatilobées.

Fleurs carpanthérées régulières, complètes ; la terminale s'ouvrant la première, sans bractéoles.

Sépales 2, rarement 3, très fréquemment tombant avant les autres parties florales.

Pétales 4, rarement 6, très chiffonnés dans le bouton, tombant peu après les sépales ; *les 2 intérieurs plus petits devant les sépales.*

Étamines *très nombreuses, libres*, et tombant facilement. Anthères oblongues ou presque *lenticulaires* et fixées au filet par leur partie inférieure.

Carpels 2-20, unis, ablamellaires, constituant un capitel souvent pédicellé, ouvrant le plus fréquemment partiellement, au moyen de valves semblables à celles des Brassicacées. Style presque nul et stigmates rayonnants dans la plupart des genres. *Chaque* rayon n'est pas formé par les deux bords capillaires du même carpe, mais par les deux bords écartés l'un de l'autre et bordant les intervalles que laissent leur bifurcation, sous laquelle les valves se déchirent des bords porte-graines.

(1) A.-L. de Juss. gen. 236 (1789), en excluant les *Fumariacées*. Quelques genres des *Nymphéacées*. Tratt., gen. plant 56. — Famille des *Pavots*. Adans. fam. 2, p. 425 (1763). — *Papaveraceæ*, trib. 3. *Argemoneæ*, Endl. gen., p. 858 (1839).

GRAINES très nombreuses, souvent à funicule renflé, horizontales, et fréquemment aussi présentant de petits enfoncements très visibles à la loupe, et dont les bords simulent une réticulation régulière.

EMBRYON très petit, dans un grand albumen huileux et féculant.

COLYTES le plus souvent linéaires à la germination.

Sous-fam. 1. CHÉLIDONIÉES.

(CHELIDONIEÆ, *Sering., flor. jard.* 1, *p.* 369. — (1845).

Capitel formé de deux carpels ablamellaires ou diachylocarpaires, ouvrant près des bords porte-graines, à la manière des BRASSICACÉES; valves linéaires-oblongues.

Genr. 1, CHÉLIDOINE.

(CHELIDONIUM, *C. Bauh., pin.* 144. (1623). *Tournef., inst. p.* 231, *tab.* 116. — (1719) (1).

PLANTES vivaces, à feuilles obtusément pennatilobées, à suc jaune. — Feuilles d'un vert jaune, minces. — FLEURS en ombelle simple, accompagnées de quelques bractéoles.

ÉTAMINES nombreuses, à filets en forme de fuseau.

CAPITEL allongé, cylindroïde, à valves et bords porte-graines minces.

GRAINES oblongues, luisantes, peu profondément alvéolées, à funicule très tuméfié et en forme de crête.

Genr. 2, GLAUCIER.

GLAUCIUM, *Tournef., inst.* 254, *tab.* 138. — (1719) (2).

PLATES souvent vivaces, d'un vert très gris et à suc jaunâtre.

FEUILLES épaisses, coriaces, portant souvent de longs et gros poils épais; les inférieures à larges lobes obtus, très ondulés.

(1) Quelques espèces du genre *Chelidonium*, Linn., Lamk. et Willd.

(2) *Papaver corniculatum*, C. Bauh., pin. 171 (1623). Quelques espèces du genre *Chelidonium* (Linn.).

Fleurs de la grandeur de celles du *Pavot coquelicot*.
Étamines à filets filiformes.
Capitel très long, courbé, à valves très épaisses, coriaces et à bords porte-graines prolongeant une grosse cloison de la nature du liége, dans laquelle sont prises les graines.
Graines presque sphériques, comme tronquées du côté du hile, à funicule très court et non renflé.

Genr. 3. ROEMÉRIE.

(Roemeria, *Medik. dans Usteri, ann.* (1793), *vol.* 2, *n°* 15, *non Mœnch.* (1).

Feuilles à lobes linéaires, terminés par un poil.
Fleurs violettes.
Capitel allongé, presque comme dans les *Glauciers*, mais à 3-4 valves au lieu de deux, sans cloison.
Stigmates presque globuleux et sans colonne de styles.
Graines en forme de rein, sans arête; funicule court et non renflé.

Genr. 4. MACLEYE.

(Macleya, *R. Brown, selon Don. gen. syst.* 1, *p.* 137 *fig.* (1).

Plantes vivaces, à tige raide. — Sépales 2, demi-pétaloïdes.
Pétales *o*.
Étamines à filets flexueux.
Capitel très aplati, formé de deux carpels, semblable à celui du *Pastel (Isatis)*.
Graine 1, partant de la base du capitel, portée par un long funicule et enveloppée d'une palpe molle. Cotyles ovales-lancéolés à la germination.

(1) Quelques espèces du genre *Chelidonium*, Linn., et quelques espèces du genre *Glaucium*, Tournef.

(2) *Bocconia*, A.-P. de Cand., syst. veg. 2, p. 91 (1821).

Sous-fam. 2. ARGÉMONÉES.

(ARGEMONEÆ, *Sering.*, *flor. jard.* 1, *p.* 576. — (1845).

Capitel de 3-20 carpels ablamellaires, qui ne s'ouvrent que par le sommet sous les stigmates.

Genr. 5. PAVOT.

(PAPAVER, *Tournef.*, *inst.* 237, *tab.* 119. — (1719).

Plantes à suc lactiforme blanc, herbacées. — FEUILLES pennatilobées.

BOUTONS, pendant avant l'épanouissement, se dressant à la floraison.

SÉPALES 2-3, concaves.

PÉTALES 4-6, sur deux rangs.

ÉTAMINES très nombreuses, anthères presque circulaires.

CAPITEL oval, ou en forme de poire, terminé par des rayons stigmatiques presque horizontaux et sessiles, s'ouvrant ordinairement par de petites valves sous le sommet, entre deux bords porte-graines.

GRAINES réniformes, très nombreuses et très petites, présentant (vues à la loupe), de nombreuses petites dépressions, et portées sur toute la surface rentrante des carpels. Albumen huileux et féculent, renfermant un très petit embryon.

Genr. 6. MÉCONOPSE.

(MECONOPSIS, *Viguier*, *diss. papav.* 29 *et* 48, *fig.* 3 (1).

RAMEAUX striés.

BOUTON pendant avant la floraison, dressé ensuite comme dans les Pavots.

PÉTALES jaunes, fibrés.

CAPITEL oboval-oblong, relevé de 12 lignes saillantes, surmonté de stigmates tordus, portés sur une petite colonne de styles. Valves se détachant des bords porte-graines dans le quart supérieur du capitel, un peu à la manière des *Argémones*.

(1) Ce genre avait été placé, par quelques auteurs, dans les *Pavots*, par d'autres, dans les *Argémones*, et par Nutt. dans les *Stylophores*.

Graines inégalement réniformes, noirâtres, dont une extrémité très aiguë, réticulées et creusées de nombreuses excavations.

Genr. 7. ARGÉMONE.

(Argemone, *Tournef.*, *inst.* 239, *tab.* 121. — (1719).

Organes foliacés bordés d'épines.

Feuilles sessiles, à fibres pennées, d'un vert très gris, et souvent tachetées de blanc, renfermant un suc jaune.

Fleurs grandes, à boutons dressés.

Sépales 3, concaves, caducs, prolongés au dessous de leur sommet en une pointe aiguë.

Pétales 6, grands, presque circulaires, jaunes ou blancs.

Etamines très nombreux, jaunes, à filets filiformes, pointus, s'engageant au bas des anthères oblongues-linéaires.

Capitel ovoïde-oblong, formé de 3-5 carpels ablamellaires unis, souvent hérissé de grosses épines. **Stigmates** sessiles, charnus, violets et glaucescents, papilleux en dessus, valves aiguës, se détachant des bords porte-graines qui restent unis par le sommet, et formant comme dans le Méconopse une espèce de cage, dont tout le centre est vide.

Graines presque sphériques, assez grosses, comme tronquées d'un côté, creusées d'une infinité de petites dépressions et entourées d'un rebord bien marqué. — **Cotyles** longuement linéaires.

EXPLICATION

de la planche des PAPAVÉRACÉES.

1. Fragment de *Pavot coquelicot*, pour montrer la position des boutons.
2. Capitel du même (grossi), pour montrer la position des étamines et la forme des stigmates dans le genre *Pavot*.
3. Le même capitel (grossi), et pris à maturité, pour montrer la manière dont se retracte le sommet de chaque valve. (La lettre C'', dans les fig. 2 et 3, indique la variation que présente le même capitel, jeune ou lorsqu'il est mûr).
4. Le même, jeune (grossi), coupé transversalement, pour montrer les bords porte-graines longuement prolongés vers le centre du capitel, mais qui ne sont pas unis au centre.

(1) *Eethrus*, Lour., flor. cochinch. 1, p. 121. — Quelques espèces de Pavots des très anciens auteurs.

5. Graine.

6. Graine coupée longitudinalement et très grossie, pour montrer en dehors le derme, plus intérieurement un grand albumen qui renferme un très petit embryon.

7. Graine de *Pavot coquelicot* (*P. Rhœas*) et germination.

8. Embryon grossi (en germination) pour montrer sa racine (encore très petite), sa tige plus grande et ses deux cotyles.

9. Embryon un peu plus grand et qui a cru dans une position perpendiculaire.

Genr. **MÉCONOPSIS (Meconopsis).**

10. Au sommet du pédicelle est un renflement ovoïde-tronqué, d'où partaient les sépales, les pétales et les nombreuses étamines. Au-dessus est le capitel (un peu plus grand que nature), s'ouvrant en huit ou douze valves et laissant en place les bords porte-graines, qui ne se prolongent pas vers le centre, comme dans les pavots. Ses stigmates sont alors peu volumineux et non rayonnants.

Genr. **ARGÉMONE (Argemone).**

11. Le capitel est ovoïde, au lieu d'être ovale ; il est hérissé de piquants, et les bords porte-graines restent en place comme les barreaux d'une cage.

Genr. **CHÉLIDOINE (Chelidonium).**

12. Extrémité d'un rameau floral de *chélidoine grande*, sans grossissement. Boutons très jeunes, devant une feuille terminale, et sur l'autre bifurcation un bouton plus avancé, une fleur épanouie et deux jeunes capitels, produits de deux autres fleurs.

13. Un bouton s'épanouissant, présentant les deux sépales qui s'écartent, et en dedans les pétales.

14. Étamines en nombre indéfini, libres et à filets en forme de fuseau (plus grand que nature).

15. Jeune capitel (grossi), vu par une de ses faces.

16. Le même vu par l'un des bords. Dans l'un et l'autre la lettre C' indique les carpes, C'' la colonne des styles (par leur union), C''' les stigmates.

17. Le même capitel (grossi) s'ouvrant de bas en haut. On voit ses deux valves et la cloison médiane montrant les graines qui naissent alternativement à droite et à gauche.

18. Quelques graines de grandeur naturelle.

19. Une graine (grossie) en dehors de son derme ; le grand corps blanc du centre en est l'albumen, et vers la base un très petit embryon. Dessus la graine est le funicule renflé en crête.

- CAPITEL....
  - s'ouvrant dans toute sa longueur. CHÉLIDONIÈRES..
    - Carpel renfermant beaucoup de graines, constitué par.........
      - deux carpels....
        - sans cloison ; filets fusiformes. **CHÉLIDOINE.**
        - avec cloison subéreuse, filets filiformes...... **GLAUCIER.**
      - 3-4 carpels..................... **BŒMÉRIE.**
    - Capitel renfermant une seule graine.... ascendante dans la pulpe......... **MACLEYE.**
  - ovoïde, ne laissant qu'une portion des bords porte-graines à découvert par le décollement des valves. ARGÉMONÉES..........
    - Ovoïde tronqué au sommet, à stigmates rayonnants, sous lesquels il s'ouvre...... **PAVOT.**
    - Oblong rayé, à stigmates en pyramides, bords porte-graines libres peu marqués... **MÉCONOPSE.**
    - Ovoïde souvent hérissé d'épines, stigmates veloutés, onduleux, bords porte-graines libre, dans 1/3 de leur longueur......... **ARGÉMONE.**

RENUNCULACÉES.

(*Sering., flor. jard.* 3, p. 1, *pl.* 1 (1849), *et flor. pharm. p.* 62. — (1852).

Racine filiforme ou tubéreuse ou toutes deux, vivace le plus souvent.

Feuilles à fibres, *ordinairement palmées*, très inconstantes de forme et de lobation. Pétiole dilaté à sa base, de manière à imiter des stipules.

Axe floral ordinairement très saillant au-dessus de l'origine des sépales.

Fleurs carpanthérées, régulières, en cime, et dont tous les organes composants sont libres.

Sépales souvent demi-pétaloïdes 5-3; caducs, *irrégulièrement* bord sur bord. Pétales *irrégulièrement bord sur bord*; caducs, alternes avec sépales.

Etamines en nombre *indéfini*, *s'ouvrant* longitudinalement en dehors, par deux fentes parallèles longitudinales.

Carpels nombreux, libres, *ne s'ouvrant pas*, et ne contenant généralement qu'une graine ordinairement ascendante,

Embryon droit, très petit, dans un grand albumen corné. Cotyles foliacés lors de la germination.

Pour quelques auteurs, cette famille renfermait encore comme sous famille nos *Helléboracées*, *Clématisacées* et *Pæoniacées*.

Sous-fam. 1. RENONCULÉES.

(Ranunculaceæ, *sect. Ranunculeæ A.-P. de Cand. trib.* 3, *syst.* 1, *p.* 228. — (1818).

Fleurs complètes. — *Graine* ordinairement dressée.

Genr. 1, RENONCULE.

(Ranunculus *Tournef.*, *inst.* 270, *tab.* 143. — (1719).

Plantes herbacées, annuelles ou vivaces. — Feuilles à fibres palmées, le plus souvent lobées et extrêmement variables dans la même espèce. — Fleurs *régulières*, le plus souvent jaunes. — Sépales demi-pétaloïdes. — Pétales portant à leur base un petit appendice saillant. — Carpels très nombreux, disposés en capitule ovoïde ou sphérique, ou plus rarement oblong.

Genr. 2, FICAIRE.

(Ficaria, *Dillen*, *nov. gen. p.* 108, *tab.* 5).

Ne se distingue des *Renoncules* que par trois sépales au lieu de cinq, et sept à huit pétales au lieu de cinq.

Genr. 3, ADONIS.

(Adonis *Dillen*, *nov. gen.* 109, *t.* 4).

Feuilles linéairement lobées. — Sépales 5 demi-pétaloïdes. — Pétales de 5-15, sur plusieurs rangs, *non munis d'appendice* à leur base. — Carpels disposés en capitel ovoïde ou oblong. — Graine pendante.

Genr. 4, MYOSURE.

(Myosurus, *Dillen*, *nov. gen.* 106, *tab.* 4).

Sépales 5 prolongés au-dessous de leur base.
Pétalis 5 onguiculés.
Etamines 5-20.
Carpels triquètres, très entassés sur un long axe.

Genr. 5, COLLIANTHÈME.

Collianthemum, *Mey. d'après le Maout et Decais., flor. jard. et champ.* p. 556. — (1855).

Sépales 5, à onglet tubulé.
Capitel globuleux, sur un axe hémisphérique.

CLÉMATISACÉES.

(Clematisaceæ, *Seringe. flor. jard.* 3, *p.* 68. — (1847) (1).

Plantes ordinairement grimpantes et souvent ligneuses, comme sarmenteuses et renflées à la naissance des feuilles.

Feuilles *opposées*, souvent pennatilobées ou palmatiséquées, toujours à fibres pennées.

Fleurs carpanthérées, régulières, ordinairement sans pétales, dont tous les organes sont libres.

Sépales le plus souvent 4, *pétaloïdes, bord à bord, affleurés* ou *infléchis ; et alors en contact* par le bord de la face externe.

Pétales le plus souvent o, ou très courts.

Étamines nombreuses, *ouvrant sur les bords* ou presque intérieurement.

Carpels nombreux, libres, disposés en *capitule rayonnant* dans tous les sens, ne renfermant qu'une graine et conséquemment ne s'ouvrant pas ; à style plumeux, s'allongeant pendant la maturation.

Graine lenticulaire ou ovale, étroitement enfermée dans le carpe, pendante.

Colytes dirigés vers le hile.

Plantes acres, vénéneuses. (Voir pour plus de détails, Seringe, *flor. des jardins* 3, p. 64, (1849).

Genr. 1. CLÉMATITE

(Clematis, *Spach, suit. buff.* 7, *p.* 275. — (1839) (2).

Tige souvent grimpante. — Fleurs très nombreuses, en panicules terminales ou axillaires. — Sépales bord à bord. — Pétales *o.* — Feuilles pennatilobées non persistantes.

(1) *Clematis sect. Cheiropsis* (*A. P. de Cand.*) *Atragene* Pers. *Ranunculaceæ sect. Clematideæ* (*A.-P. de Cand. syst.* 1, *p.* 131 (1818).

(2) *Clematis sect. Flammula* (*A.-P. de Cand.*) *syst.* 1, *p.* 133 (1818).

Genr. 2. VITICELLE.

(VITICELLA. *Mœnch, meth.* 296. — (1794).

TIGE grimpante. — FEUILLES bipennatilobées, non persistantes; lobes pétiolulés. — FLEURS solitaires à l'extrémité des rameaux. Pédicelle ferme, sans bractéoles. — SÉPALES largement *infléchis longitudinalement* dans le bouton. — PÉTALES *o*. — STYLE de grandeur médiocre.

Genr. 3, ATRAGÈNE.

(ATRAGENE, *Linn.*, *gen.* 615).

TIGE et rameaux grimpants. — FEUILLES profondément bipennatilobées, non persistantes. — FLEURS *solitaires* à l'extrémité des rameaux, pendantes d'abord. PÉDICELLE ferme, sans bractéole. — SÉPALES 4, ovales, étalés, largement infléchis dans le bouton. — PÉTALES *presque aussi longs*, que les sépales, *spatulés*, les plus intérieurs linéaires. — FILETS plats, rapprochés. — STYLES grands, et garnis de longs poils étalés, papilleux près du sommet.

Genr. 4. CHÉIROPSE.

(CHEIROPSIS. *Spach. suit. buff.* 7, 260. — (1839).

FEUILLES bi ou tripennatilobées. — FLEURS solitaires ou géminées, pendantes, naissant de *l'aisselle* des feuilles persistantes. — PÉDICELLE muni près du sommet de deux *bractéoles unies*, simulant des sépales unis et présentant la forme d'une cloche. — SÉPALES 4, oblongs, *appliqués par leur face inférieure près des bords* qui sont veloutés. — PÉTALES *o*. — Filets comprimés, anthères oblongues.

Genr. 5, VALVAIRE.

(VALVARIA, *Seringe, flor. jard.* 3, *p.* 93. — (1849).

TIGE anguleuse, basse, non sarmenteuse. FEUILLES entières (non lobées), sessiles; bord *sur bord dans le bouton* et *emboîtant les parties qui se trouvent au dessus*. — FEURS solitaires au haut des rameaux. — PÉDICELLE ferme, sans bractéoles. — SÉPALES 4, oblongs, étroitement *infléchis longitudinalement* dans le bouton, qui est oblong, *pointu et tordu au sommet*.

EXPLICATION

de la planche des CLÉMATISACÉES.

De 1 à 6. VITICELLE EN CLOCHE (*Viticella campaniflora*).

1. Port de grandeur naturelle. — Fleur grossie, privée de ses sépales.

2. E. Étamines. — C. Carpels, terminés par leur stigmate.

3. Étamine grossie, vu en dedans, et dont les loges sont écartées par l'élargissement du filet.

4. Étamine grossie, vue par sa face externe.

5. Capitel de grosseur naturelle.

6. Carpel grossi, coupé en long et montrant en C' le carpe, C'' le style, C''' le stigmate. Dans l'intérieur se trouve un grand albumen (*Alb.*) et à son sommet l'embryon renversé très petit (Y).

De 7-11. VALVAIRE A FEUILLES ENTIÈRES (*Valvaria integrifolia*).

7. Deux feuilles affleurées par leurs bords et formant une espèce de Bourgeon, qui renferme d'autres paires de feuilles, s'affleurant successivement deux par deux.

8. Coupe transversale des deux feuilles affleurées.

9. Bourgeon mixte (herbacé) s'ouvrant et montrant la fleur qui est la fin du rameau.

10. Coupe transversale du rameau, pour montrer l'enroulement des sépales.

11. Capitel des carpels un peu avant leur maturité.

Genr. 6, CÉRATOCÉPHALE.

(CERATOCEPHALA, *Mœnch, meth.* 218. (1794).

SÉPALES 5, non prolongés au-dessous de leur base.
PÉTALES onguiculés.
ETAMINES 5-15.
CARPELS bossus à leur base, prolongés en corne comprimée, disposés en épis et à style très allongé.

Sous-fam. 2, ANÉMONÉES.

(ANEMONEÆ, *A.-P. de Cand. syst.* 1, *p.* 168. — (1818).

Sépales pétaloïdes, Pétales ordinairement 0. Graines souvent pendante dans le carpe.

Genr. 7, THALICTRE (ou Pigamon).

(THALICTRUM *Tournef. inst. p.* 270, *tab.* 145. — (1719).

FEUILLES 2-3 fois pennatilobées, à lobes pétiolulés, pétiole dilaté à sa base en manière de stipules.
FLEURS nombreuses (sans pétales) en panicule, sans bractées.
CARPELS libres nombreux, striés ou ailés, à style court.

Genr. 8, HÉPATIQUE

(HEPATICA, *Dillen, nov. gen. p.* 108) (1).

FEUILLES à trois lobes entiers.
FLEURS partant d'une tige souterraine, longuement pédicellées.
BRACTÉOLES 3, ovales, obtuses, imitant des sépales, surtout au moment de la fleuraison.
PÉDICELLE (réel), très court, partant du milieu des bractéoles, s'allongeant pendant la maturation.
SÉPALES 3, pétaloïdes, ovales obtus, à fibres aiguement ramifiées.
PÉTALES 3, également pétaloïdes et semblables aux sépales.
CARPELS nombreux, petits, semblables à ceux des *Renoncules.*
ETAMINES nombreuses.

(1) Une espèce du genre Anémone de *Linné.*

Genr. 9, ANÉMONE.

(ANEMONE. *Tournef. inst.* 275, *tab.* 147. — (1719).

TIGE souterraine, couchée, prise pour des racines, qui se termine par un bourgeon ou une tige annuelle.

FEUILLES palmatilobées.

BRACTÉES-FEUILLES 3, un peu unies par leurs pétioles, disposées en anneau et profondément lobées.

SÉPALES 3 à 4, pétaloïdes, libres.

PÉTALES en nombre égal, en un rang alterne plus intérieur.

CARPELS nombreux, disposés en capitel avoïde : styles courts comme dans les Renoncules.

Genr. 10. PULSATILLE.

PULSATILLA *Tournef. inst. p.* 284. — (1719) (1).

Caractères généraux des Anémones mais :

CARPELS prolongés en un long style poilu.

BRACTÉOLES à lobes linéaires, au lieu d'être semblables aux feuilles de la plante ovales.

EXPLICATION

de la planche des RENUNCULACÉES.

1. Port d'un fragment de la *Renoncule des mares* (RANUNCULUS PHILONOTIS, de grandeur naturelle), détaché d'une touffe gazonnante.
2. Sépale de grandeur naturelle.
3. Pétale de grandeur naturelle, portant le corps glanduleux, qui se trouve à sa base dans le genre *Renoncule*.
4. Étamine vue par sa face interne.
5. Étamine vue en dehors.
6. Capitel grossi.
7. Carpel jeune, grossi.
8. Carpel mûr, lenticulaire, présentant des granulations ponctiformes, qui s'élèvent près de ses bords.
9. Graine dans son carpel, duquel on a enlevé la moitié antérieure.
10. Moitié d'Albumen très grand, portant intérieurement un petit embryon.

(1) Quelques espèces d'*Anémones* des auteurs.

TRITICACÉES

(TRITICACEÆ, *Seringe., flor. pharm. p.* 587. — (1851) (1).

PLANTES presque toujours herbacées.

RACINES filiformes, nombreuses.

TIGE présentant à distances des renflements où les fibrilles sont entrecroisées dans les utricules. Entre chaque article se trouve, le plus souvent, un amas d'utricules, qui remplissent d'abord le centre, mais qui se contractent souvent au point qu'on n'en aperçoit plus qu'aux parois, le centre (*chaume*) restant vide.

FEUILLES alternes, partant des articles tuméfiés : pétioles engainants, mais non unis par leurs bords. Lame linéaire à fibres parallèles, et portant à sa base une languette membraneuse (Ligule).

FLEURS ordinairement carpanthérées, irrégulières, disposées au sommet de la tige ou de ses rameaux en épiets à une ou plus souvent de 2 à 10 fleurs sessiles, si elles sont disposées en épis, et pédicellées lorsqu'elles sont en panicule.

EPIETS de l'epi ou de la panicule accompagnés de 2 à 3 bractées sèches de la nature de la paille, souvent terminées par une barbe ou bien sans barbe ou arête.

SÉPALES 3, toujours dissemblables ; le plus extérieur, assez dur, enveloppant le bord extérieur des deux autres, à lamelles inégales et à dorsale souvent terminée en arête, tandis que les deux autres, ordinairement unis l'un à l'autre par leur bord interne, ont ce bord très saillant et engagé dans la rainure du carpe (grain), auquel ils n'adhèrent jamais, mais sur lequel ces 3 sépales sont souvent fortement appliqués (*Orges*, *Épeautres*, *Avoines*, *Riz*).

(1) Du genre *Triticum*, auquel on a donné la désinence des familles. Aucun genre de cette famille ne portant le nom de *Gramen*, on ne peut donc en faire ni *Graminées* ni *Graminacées*.

PÉTALES deux, très courts, très petits, placés devant la convexité du carpe (grain), dont ils cachent à peine la portion embryonnaire. Le troisième, qui serait devant la jonction des bords internes des deux sépales internes, manque presque toujours.

ETAMINES 3 — 6, libres ; dans le plus grand nombre des cas, 3, placées devant les sépales et conséquemment alternes avec les pétales, ou 6, dont 3 devant les sépales, et 3 du second rang devant les pétales.

CARPEL 1 seul, dont la convexité est devant la partie concave du sépale externe, surmonté de deux styles et de deux stigmates. Ces deux derniers organes se fanant sur place, tandis que le carpe grandit toujours.

CARPE (gros son) entourant étroitement le derme auquel il n'adhère pas, mais sur lequel il est fortement appliqué.

DERME (petit son) mince, entourant étroitement l'albumen et l'embryon, et portant seul des traces de la matière féculente.

EMBRYON petit, placé au bas de la partie convexe du carpe (grain) dans le sépale externe. *Albumen* très considérable.

Sous-fam. 1, TRITICÉES.

(TRITICEÆ *Coss. et Germ., flor. par. p.* 635. — (1845).

Fleurs carpanthérées disposées en épi dont les groupes de fleurs ou épiets sont sessiles.

Genr. **1. ORGE** (tab. trit. 1-5).

(HORDEUM, *Tournef, inst., p.* 513, *tabl.* 295. — (1819).

FLEURS disposées alternativement 3 par 3 sur chaque article de l'épi. BRACTÉOLES 2, linéaires en dehors de chaque fleur. CARPES le plus souvent enveloppés étroitement par les sépales, dont on ne peut les retirer que par le débourrage. Ils sont ensuite *grués* ou *décortiqués* (privés de leurs gros son, qui est le carpe, et de leur petit son, qui est le derme de la graine) ; ALBUMEN presque complétement féculent, sans gluten. — Les *Orges distiques* ou à *deux rangs* n'ont que la fleur du milieu de chaque article fertile, les deux latérales sont neutres et conséquemment stériles. — Les orges à 6 *rangs* ou *hexastiques*, c'est-à-dire 3 fleurs à l'extrémité d'un article, et 3 autres de l'article suivant (nécessairement alternes, avec les 3 premières) ce qui fait paraître les fleurs disposées sur 6 rangs (fertiles), rarement 4.

Genr. 2. SEIGLE (tab. trit. 6).

(Secale *Tournef. inst. p.* 513, *tab.* 294. — (1719)).

Fleurs disposées par deux dans chaque épiet, partant alternativement du sommet de chaque article de l'épi. Bractées deux, linéaires enveloppant deux fleurs, et souvent une troisième bractée linéaire raide entre l'épiet et l'axe commun des fleurs. Sépale externe à lamelles inégales, dorsale ciliée et terminée par une arête (barbe) raide, anguleuse. Sépales internes 2, très longs, membraneux, unis presque jusqu'au sommet par leur bords internes, qui saillent dans la rainure du carpe (grain). — *Pétales* 2, libres, lancéolés. *Etamines* 3, à longues anthères pendantes, ciliées, de la longueur de l'écusson embryonnaire ; troisième pétale o. — *Carpe* court pendant la fleuraison, s'allongeant beaucoup ensuite et formant un oboval comme tronqué au sommet, qui, pendant la fleuraison, était terminé par deux longs styles plumeux. Rainure du grain peu profonde, à bords arrondis. — *Albumen* à fécule terne comme le carpe (grain), et, en outre sa fécule, présente une matière extractive, comme glaireuse, qui rend le pain de seigle si pâteux.

Genr. 3, FROMENT (tab. trit. 7).

(Triticum *Seringe* non *Linn.*).

Feuilles plus larges que dans les Seigles, et d'un vert moins gris. — Fleurs disposées 4 à 5 dans chaque épiet, dont l'une des faces est devant l'axe. — Bractées 2, à lamelles inégales, et terminées en pointe plus ou moins prolongée. — Sépales 3, dont un externe ordinairement aristé, tandis que les deux autres, unis par leurs bords internes, saillent dans la rainure du carpe (grain) et ne se terminent pas plus que dans les genres précédents en arête. — Pétales 2, obtus, cachant l'écusson embryonnaire. Sous les organes floraux lâchement appliqués les uns sur les autres, et l'axe des fleurs qui ne se rompt pas, ce qui arrive dans les *Epeautres* (*Spelta*, J. bauh.), et dans le genre *Niviérie* (*Nivieria*, Sering.), qui sont extrêmement distincts des *Froments*, par la rigidité des sépales, la rupture de l'axe, la forme du sillon du grain anguleux sur les bords dans les *Epeautres* et très larges, tandis que les *Niviéries* ont un carpe très comprimé, un faible sillon sur un bord et trois sépales libres. Les *Froments* surtout ont une fécule contenant plus de gluten que dans les autres genres de Triticées.

Genr. 4, **EPEAUTRE** (tab. trit. 8).

(Spelta, *J. Bauh.*) (1).

Epi comprimé-cylindroïde. — Fleurs disposées 3-4 par chaque épiet, qui tombe avec l'article de l'axe qui le porte. — Bractées épaisses, très dures (et non demi-membraneuses comme dans les *Froments*), souvent terminées par une courte arête, qui est essentiellement la continuation du faisceau de fibres dorsales ; ces bractées tombent presque toujours avec l'article qui les porte. — *Sépale extérieur* épais, à lamelles inégales, souvent aristé, dont la lamelle extérieure est plus ou moins brusquement tronquée transversalement. Sépales intérieurs plus minces, *unis presque jusqu'au sommet*. — Carpe presque triangulairement ovoïde, aigu, anguleux sur les bords de la rainure, restant étroitement enveloppé par les organes floraux qui lui sont extérieurs et tombant avec eux. Conséquemment, le grain n'apparaît qu'ensuite, au moyen du débourage, et nullement par le simple battage.

Genr. 5. **NIVIÉRIE** (tab. trit. 9).

(Nivieria, *Sering., flor. pharm., p.* 594 *et* 600. — (1852).

Epi extrêmement serré et bien plus aplati que dans les *Epeautres*. — Articles se rompant facilement à leur base et entraînant l'*épiet*, formé au plus de 2-3 fleurs, dont presque toujours une seule est fertile. — Bractées plus dures que dans les *Epeautres*, et étroitement appliquées sur les fleurs. — Sépale extérieur très épais, manifestement échancré, et lamelle externe très large, tandis que l'interne est plus mince. — Sépales internes membraneux, *linéaires aigus libres*. — Carpe ovoïde très comprimé, à sillon très peu marqué et marginal, comme linéaire. — Ce genre,

(1) Quelques froments des auteurs.

encore plus tranché que celui des *Epeautres*, ne renferme qu'une seule espèce encore connue (*Vivieria monococcum*), et présente déjà, quoique moins cultivé en Allemagne et en Suisse que les *Epeautres*, plusieurs variétés. Les tiges talent beaucoup ; son chaume, quoique petit et extrêmement siliceux, sert aux toitures ; il s'accommode facilement du climat des montagnes. Le nombre de ses épis compense la pénurie de leur grain.

Genr. **6. IVRAIE**

(Lolium *Linn.*, *gen.* nº 95).

Fleurs moins apparentes que dans les genres précédents, plus nombreuses dans chaque épiet, dont l'un des bords touche l'axe de l'épi. Une seule espèce, au lieu d'être nutritive, est vénéneuse ; elle s'observe souvent dans les autres céréales, dont le triage des grains est négligé.

Sous-fam. 2. AVÉNÉES

(Aveneæ *Coss. et Germ.*, *flor.*, *par.*, *p.* 625. — (1845).

Fleurs carpanthérées diposées en panicule, c'est-à-dire présentant des épiets pedonculés.

Genr. **7. AVOINE** (tab. trit. 10).

(Avena *Tournef.*, *inst.*, *p.* 514, *tab.* 297. — (1719).

Fleurs en épiets portés sur un pédoncule plus ou moins allongé, et souvent pendantes. — Bractées 2, grandes, membraneuses, enveloppant les 2 — 3 fleurs de chaque épiet. — Sépale extérieur fibreux, crustacé, portant au dos, vers le milieu de sa longueur, une longue arête tordue et genouillée. — Sépales internes 2, unis, membraneux, munis chacun d'une dorsale verte et ciliée, et presque complétement enveloppés par le sépale externe étroitement appliqué sur tous les organes plus intérieurs. — Etamines 3 libres. — Carpe ellipiique-oblong poilu, et, à peine sillonné, tombant enveloppé, comme dans les Epeautres.

Genr. **8, CYNODON.**

(CYNODON, *L.-C. Rich. dans Pers. syn.* 1. *p.* 87. — (1806).

FLEURS disposées en panicule rayonnante. — EPIETS à une seule fleurs, ou la deuxième rudimentaire. — BRACTÉES à dorsale amincie en carène, non aristées, plus courtes que les sépales, dont l'extérieur est comprimé et prolongé au-dessous du sommet en une petite pointe. Les tiges souterraines étiolées, sont seules employées en médecine, sous le nom de gros chiendent.

Genr. **9, RIZ** (tab. trit. 11).

(ORIZA, *Tournef, inst. p.* 513, *tab.* 298. — (1719).

Toute la PLANTE rude. — FEUILLES à ligule membraneuse terminée à son sommet par deux appendices en faulx, et ciliées sur leur bord extérieur. — FLEURS solitaires disposées en panicule. — BRACTÉOLES 2, membraneuses, oblongues, demi-transparentes, l'une devant le sépale externe, l'autre alternant avec les internes. — SÉPALES très rudes, hérissés de poils raides et appliqués, l'extérieur très grand, enveloppant les internes qu'il cache presque complétement et souvent sans arête. — ETAMINES de 3 — 6. — CARPEL ovoïde comprimé latéralement, un bord arrondi devant le sépale externe, l'autre canaliculé devant l'union des deux internes. Albumen féculent.

Sous-fam. 3. MAIADÉES.

(MAIADÉES, *Seringe., flor. pharm. p.* 612. — (1852).

FLEURS ANTHÉRÉES disposées en panicule au sommet de la tige, et placées alternativement d'un seul côté de l'axe floral, à trois sépales égaux et trois étamines. — Embryons auxillaires en gros épis.

Genr. **10, MAIS** (tab. trit. 12 et 13).

(MAÏS, *Tournef, inst. p.* 531, *tab.* 303-305. — (1719).

FLEURS CARPELLÉES disposées en épis compacts aux aisselles des feuilles moyennes de la plante, accompagnées chacune par trois sépales, souvent rudimentaires, mais parfois cachant complètement chaque carpe ; (*Maïs tuniqué*) terminé par un très long style, dépassant l'ensemble des grandes bractées qui entourent complétement l'épi (dont nous nous servons pour garnir les paillasses de nos lits). — **Carpe** très gros, très court, composé d'un très gros **Albumen** féculent, mais sans gluten, et dont l'**Embryon**, au lieu d'être placé au bas de la partie convexe du carpe (grain), se trouve au contraire dans l'angle formé par chaque carpe et l'axe qui le porte.

Nota. — Voir dans les *Descriptions et figures des céréales européennes* (1841), et flore du pharmacien, etc., p. 587 (1852), de plus grands développements, qui n'ont pu trouver place dans ce travail. Cependant on lira dans l'explication des planches de ce travail de nombreux détails organographiques qui compléteront les descriptions génériques, et rendront, je l'espère, les caractères de cette famille aussi simples qu'on l'avait rendue difficile et repoussante par la multiplicité de dénominations données, par les auteurs, aux organes floraux qui se réduisent réellement à des bractées, sépales, pétales, étamines et carpels.

EXPLICATION

des planches des TRITICACÉES.

PLANCHE 1.

Analyses des Orges.

1. Axe de l'épi, dont on a supprimé la plupart des fleurs. Les trois fleurs d'un article conservées, et chacune accompagnée de ses deux bractéoles longuement linéaires. — On a tronqué les trois arêtes ou barbes des trois sépales externes (le tout grandi).

2. Une fleur fertile d'orge grandie, accompagnée de ses deux bractéoles longuement linéaires.

3. Fleur fertile (grandie) d'orge, privée de ses deux bractéoles, présentant son sépale externe, et à droite ses deux sépales internes, un peu libres au sommet.

4. Fleur fertile d'orge (grossie), vue par la face répondant à l'axe, présentant ses deux sépales internes unis et dont les bords externes sont un peu recouverts par les deux bords de l'externe.

5. Deux articles d'une orge dont les épiets sont disposés, comme toujours, 3 à 3, mais dont la fleur centrale de chaque article est fertile, tandis que les deux autres sont stériles, et d'après cela les épis des orges dits *distiques*, n'ont que deux rangées de fleurs fertiles.

6. Une seule fleur et axe d'orge très grossi, pour montrer en avant l'axe général tronqué. Au-dessus, une bractéole plumeuse, les deux autres plus longues et en aristées sont en arrière et en haut. La première enveloppe, dont on voit les deux bords, est le sépale externe qui entoure presque complètement les deux sépales internes unis, et dont les bords internes sont engagés dans la rainure du grain qui est coupé en travers et est en forme de rein. On voit de plus les trois filets.

Planch. TRITICACÉES 2.

ORGE ESCOURGEON

(*Hordeum hexastichon*, Linn.)

1. Epi et dernière feuille (de grandeur naturelle).

2. Epi de grandeur naturelle, mais vu de bas en haut longitudinalement, afin de faire comprendre la disposition des six rangs d'épiets, ainsi que leurs bractéoles.

3. Deux groupes de trois fleurs fertiles, chacun alterne, l'article inférieur (en *) est sans fleur.

4. Une fleur fertile (grossie) et ses deux bractéoles externes.

5. La même, vue par sa face interne, montrant en arrière au centre l'arête du sépale externe tronquée, latéralement les deux bractéoles externes, et (en *) la bractéole interne (peu prononcée), et derrière les deux sépales internes, unis presque jusqu'au sommet qui, par cette raison, se présente comme échancré.

6. Mêmes parties que dans la figure précédente, dont la bractéole interne (*) est plus marquée, et l'engagement des deux sépales internes unis plus prononcé.

7. Fleur (grossie), P. ses deux petites (externes), E ses trois étamines, et au centre C le carpe (grain) jeune et velu, qui est surmonté (en C'') de ses deux stigmates plumeux.

8. Coupe transversale (grossie) du sépale externe (en S externe), et (en S interne) des deux sépales internes unis.

Planche TRITICACÉES 3.

ORGE COMMUNE.

(*Hordeum vulgare*, Linn.).

1. Épi de grandeur naturelle et à maturité.

2. Coupe transversale d'un épi, pour montrer six rangées d'épiets uniflores, naissant trois à trois de la fin de deux sommets d'articles de l'épi.

3. Axe de l'épi, dont on a supprimé la plupart des fleurs, excepté les trois supérieures (fin d'un article), qui sont accompagnées chacune de leurs deux bractéoles externes, longuement linéaires. Les trois arêtes des trois sépales externes sont tronquées. Au bas de l'axe de l'épi, on a laissé les six bractées linéaires externes de trois fleurs supprimées.

4. Deux demi-anneaux, de chacun trois fleurs fertiles (fin de deux articles, grandis).

5. Une seule fleur fertile, grandie, avec ses bractéoles, l'arête de son sépale externe tronquée. L'épiet vu par sa face interne.

6. Fleur fertile très grossie, sans ses bractéoles, vue par la face externe de son sépale externe.

7. La même que la figure 6, vue par sa face interne, et dont la troisième bractéole très petite est en place.

8. Coupe transversale d'une fleur, pour montrer la position relative de son grand sépale externe, entourant presque en totalité les deux sépales internes unis.

9. Fleur grossie, dont on a supprimé les bractéoles et les sépales, pour montrer les deux pétales, les étamines et les deux stigmates.

10. Un pétale grossi.

11. Une fleur stérile.

12. Face externe d'un grain ou carpe grossi, vu par sa face externe; au bas est l'embryon.

Planche TRITICACÉES 4.

ORGE PAMELLE.

(*Hordeum distichon* Linn.).

1. Epi a deux rangs de fleurs fertiles, et quatre rangs de stériles, placés sur les parties aplaties de l'épi appartenant à la variété a fleurs lâches.

2. Variété à fleurs fertiles plus rapprochées, d'ailleurs organisée comme celles du précédent.

3. Variété de la même espèce a fleurs fertiles serrées, mais dont les arêtes (barbes) ont été cassées par le vent.

4. La même variété que celle de la figure première, mais dont les trois épis sont nés du sommet de la tige.

5. Deux fins d'article, portant chacune une fleur fertile et deux stériles, comme il a déjà été expliqué (très grossies).

6. Une fleur fertile (grossie), vue un peu de côté, et présentant à gauche la bractéole interne (ou axile), plus a droite les deux sépales internes unis, à droite le grand sépale externe, et enfin les deux bractéoles externes.

7. La même (grossie), vue par sa face interne, mais sans les bractéoles externes.

8. La même, mieux étudiée.

9. Une des bractéoles externes velues (grandie), vue par sa face externe poilue.

10. La même, vue par sa face interne chauve.

11. Une fleur fertile (grossie), dont on a enlevé les bractéoles et les sépales, pour montrer les deux pétales, les étamines et le carpel.

12 et 13. Deux fleurs stériles (grossies), vues par leurs deux faces.

14. Une fleur anthérée (grossie), stérile, portant trois anthères, sa bractée interne, son pétale externe et ses deux internes, coupés en travers.

15. Fleurs anthérée stérile, avec ses pétales.

16. Germination d'un grain (carpe) d'orge (grossi).

17. Sommet de deux graines de feuilles, pour montrer leur ligule.

Planch. TRITICACÉES 5.

ORGE ÉVENTAIL

(*Hordeum zeocriton*, Linn.).

1. Epi de grandeur naturelle, présentant sur ses deux bords deux rangées de fleurs carpanthérées (fertiles), et sur chaque face, deux rangs de fleurs stériles (ce qui donne à l'épi son aspect aplati). Les arêtes des sépales externes sont toujours très étalées dans cette espèce.

2. Fin d'un article de l'épi, présentant au centre sa fleur fertile, accompagnée de ses deux bractéoles externes. Latéralement sont ses deux fleurs stériles, accompagnées de leurs deux bractéoles externes.

3. Le même article, présentant, à droite, sa fleur fertile, et à gauche l'une de ses fleurs stériles (qui cache celle qui lui est opposée).

4. Deux articles de l'épi (grossi), portant chacun leurs trois fleurs, 1 fertile sur les bords, et 2 stériles sur ses faces.

5. Une fleur fertile (grossie), vue par son sépale externe, dont on a coupé l'arête.

6. Fleur fertile (grossie), vue par sa face interne, où sont ses deux sépales et intérieurs par rapport à l'externe : au bas est la troisième bractéole (plumeuse) peu visible.

7. Une fleur stérile de la face plate de l'épi. Son sépale externe vient, comme toujours, envelopper les deux internes.

NOTA. Il existe d'autres espèces d'ORGES CÉRÉALES, mais je n'ai pas cru devoir les introduire dans ce travail des familles, tels que :

ORGE CÉLESTE (*Hord. cœleste*, P. Beauv.),

ORGE A CAFÉ (*Hord. cœlestoïdes*, Seringe).

Peut-être, après une étude monographique, devra-t-on en faire un genre. Elles sont très remarquables en ce que leurs enveloppes florales se séparent par le simple battage. Elles se distinguent en cela déjà comme les *Froments* des *Epeautres*, des *Nivières*. Voir ce que j'en ai dit dans mes CÉRÉALES EUROPÉENNES, p. 30* et 38* (1841).

Planche TRITICACÉES 6.

SEIGLE CÉRÉAL

(*Secale cereale*, Linn.).

1. Epi en fleur, de grandeur naturelle (les autres figurés grossis).

2. Un article de l'épi, vu par sa face interne, terminé par deux fleurs (grossies). — *Bract.*, Bractéoles de l'épiet. — S *extern.*, sépale externe aristé de chaque fleur. — S *int.*, les deux sépales internes unis, propre à chaque fleur. Du milieu de ces trois sépales (pour chaque fleur) partent trois étamines pendantes.

3. Une fleur de l'épiet, présentant en avant ses deux pétales alternes, avec le sépale externe (supprimé). Plus en dedans, ses trois étamines prêtes à sortir de la fleur, mais encore dressées, dont les filets sont encore peu développés; au centre sont les deux stigmates.

4. Coupe transversale d'une fleur, pour montrer (en S ext.) le grand sépale (toujours libre) et (en 2 S unis) ses deux sépales internes unis, dont les bords internes sont unis et enfoncés dans la rainure du carpe qui n'a pas été figuré.

5. L'un des pétales.

6. Carpel présentant (en C) son carpe, vu par la face interne, ou creusée longitudinalement (en C'), ses deux stigmates plumeux.

7. Carpe (grain), vu par sa face externe ou convexe, portant à sa base l'embryon.

8. Carpe vu par sa face interne (ou sillonnée).

7. Coupe transversale du carpe (grain).

10. Partie inférieure du carpe (grain), vu par sa face convexe ou embryonnaire, en haut la coupe transversale de l'embryon, en bas et en avant l'embryon, et son derme, de dessus lesquels on a enlevé le carpe (ou gros son). Les mots Bourg cotyl. signifient *bourgeon cotylédonaire*. C. le carpe.

11. Carpe avec son embryon et son albumen, vus de côté et dont la germination commence.

12. Carpe et embryon, vus par leur face convexe et dont la germination est un peu plus avancée. — C. cotyle. — R. racine.

13. Carpe, embryon et albumen coupé en long (de leur face convexe à celle qui porte la rainure), montrant en R les racines, *Bourg.*, bourgeon primaire ou cotylédonaire (*Cotyléd.*), le seul cotyle de la plante, — *Album.* l'albumen, qui forme la presque totalité de notre farine.

Planche TRITICACÉES 7.

FROMENT TOUZELLE.

(*Triticum vulgare*, Willd.).

1. Variété de ***Froment Touzelle***, nommée vulgairement ***Touzelle Saisette*** (***Triticum vulgare aristatum***), de grandeur naturelle, vue par la face externe des épiets.

2. Variété ***mutique*** (sans arêtes), du ***froment Touzelle***, vue par la face lisse de l'épi ou, autrement dit, par le bord des épiets.

3. La même (que fig. 2), vue par la face des épiets.

4. Un article de l'épi, présenté de face et grossi ; présentant, à droite et à gauche, une bractée, et renfermant quatre fleurs, dont deux, quelquefois trois ou quatre sont fertiles.

5. Une fleur grossie, X le sépale externe, et en avant les deux sépales internes unis, dont on voit les sommets des deux sépales unis presque complètement.

6. Fleur grandie, dont on a enlevé le sépale externe pour montrer les deux pétales ovales, qui seuls existent devant l'embryon. Les deux sépales placés vers l'axe de l'épiet encadrent le grain.

7. Les deux pétales grandis, isolés.

8. Fleur grossie, dont on a enlevé les sépales, afin de montrer en avant (en P) les deux pétales, les trois étamines, et, entre elles, les deux stigmates jeunes.

9. Coupe (grossie) de quelques organes floraux (en S ext.) sépale externe (en S internes) les deux sépales, dont les bords extérieurs sont cachés par ceux du sépale externe, tandis que le bord interne de ces deux sépales internes sont unis et engagés dans la rainure du grain, dont l'albumen présente, dans sa coupe transversale, la forme d'un rein.

10 et 11. Les deux bractées d'un épiet (grandis), surmontées de leur arête (plus ou moins développée).

12. Deux sépales externes (grandis), dans deux positions différentes.

13. Un grain de *froment Touzelle* jeune (et grossi), vu par sa face externe ou convexe (ou embryonnaire). Cet embryon est placé au bas de cette face, et se présente, dans le jeune âge, dans une forme circulaire.

14. Le même grain grossi, vu par la surface creuse dans laquelle étaient engagés les bords internes unis des deux sépales unis.

15. Coupe transversale de l'albumen (Alb.).

Planche TRITICACÉES 8.

ÉPEAUTRE COMMUNE.

(*Spelta vulgaris*, Sering.).

1. Epi de la variété aristée ou barbue (grandeur naturelle).

2. Variété mutique (ou sans barbes), grandeur naturelle.

3. Epiet triflore, accompagné de deux bractées très coriaces.

4. Autre épiet également triflore, dont les fleurs sont un peu plus avancées que dans le précédent, et dont la fleur terminale, en partie avortée, est portée sur la fin de l'axe de l'épiet. Il est aussi accompagné latéralement par ses deux bractées coriaces.

5. Fleur grandie, coupée transversalement, pour montrer, en avant et en bas, une portion de l'article qui portait les fleurs de l'épiet, latéralement le grand sépale externe, plus en dedans, les deux sépales internes unis, qui entourent la base des filets des étamines, et au centre une figure triangulaire qui est l'albumen (la coupe n'est pas assez basse pour montrer les pétales, ni l'embryon).

6. Une fleur (grandie), montrant en arrière le grand sépale aristé, en avant les deux sépales internes unis, et au-dessus les trois anthères.

7-8. Deux bractées tronquées (grandies) de l'épiet, dans des positions différentes.

9 et 10. Le sépale externe tronqué et grossi, dans deux positions différentes. Ces quatre dernières figures ont des fibres beaucoup plus marquées, et ces organes sont très coriaces.

11 et 13. Une fleur (grossie) privée de son sépale externe, afin de montrer, en bas et en avant, les deux pétales, derrière lesquels se trouve l'embryon ; toute la partie oblongue et convexe est l'embryon, qui est entouré en arrière, et latéralement par les deux sépales internes.

12. Organes reproducteurs qui ont été privés des sépales qui les entouraient, afin de montrer, en bas et en avant les deux pétales, les trois étamines. Le corps triangulaire est le carpe jeune, surmonté de ses deux stigmates plumeux.

13. Voir l'explication sous le nº 11.

14. La même que le nº 12, mais celle-ci est vue sur l'autre face, celle qui répond à la rainure du grain, lequel ici est encore très jeune, et n'a pu encore prendre la forme 17 et 18.

15. Autre coupe transversale de la fleur, qui est plus avancée que celle du nº 5 et et qui présente un demi-cercle à gauche, figurant le sépale externe ; vis-à-vis sont les deux sépales internes, dont les deux bords internes unis sont engagés dans la rainure de l'albumen.

16. Les deux pétales (grandis).

17. Rainure angulaire du grain grossi, formant l'un des caractères du genre *Epeautre*.

18. Grain mur (grossi), se présentant par sa face embryonnaire.

19. Grain jeune (grossi), offrant la face qui porte la rainure.

20. Coupe transversale de l'albumen.

Planche TRITICACÉES 9.

NIVIÉRIE LOCULARELLE.

(*Nivieria monococcum*, Seringe).

1. Epi de grandeur naturelle.

2. Epi un peu plus jeune, et aussi de grandeur naturelle.

3. Portion d'épi (grossi) pour montrer l'échancrure profonde du sommet des bractées.

4. Un épiet (grossi), vu par sa face interne.

5. Le même, vu par sa face interne, sur les bords se voient les bractées tronquées près de leur sommet.

6. Epiet triflore (grandi), présentant, à gauche (en S externe), ce sépale très développé, entourant les deux sépales internes, avec lesquels il forme une ellipse, et constituant une fleur fertile. A droite est une autre fleur avec ses sépales internes et externes écartés, et présentant une fleur stérile. Une troisième, qui est entre ces deux fleurs, est encore moins bien conformée que la seconde.

7.-8. Deux bractées grossies, très coriaces et à lamelles très inégales, différemment présentées.

9. Fleur (grossie), présentant son sépale externe en arrière, ses deux *sépales internes libres* sur les côtés, et au milieu se voit le bord du grain qui présente la rainure (étroite dans ce genre).

10. Fleurs (grossies), dont on a supprimé le sépale interne, afin de montrer le grain par son bord embryonnaire, ainsi que ses pétales, placés devant l'embryon et latéralement sont les deux sépales *linéaires et libres*.

11. Fleur (grossie) réduite intérieurement à ses deux pétales, et latéralement à ses deux sépales *libres* et oblongs-linéaires.

12. L'un des sépales internes.

13. Coupe transversale de fleur (grossie), montrant (en S) son sépale externe, à gauche ses deux sépales internes libres, et au milieu l'albumen.

14. Une anthère (grossie) lobée à ses extrémités.

15. Un pétale grossi.

16. Grain (ou carpe grossi), vu par l'une de ses faces. En bas, à droite, l'embryon.

17. Grain (carpe), vu par son bord embryonnaire.

18. Grain (carpe), vu par le bord qui porte la rainure.

Planche TRITICACÉES 10.

AVOINE.

(*Avena sativa*).

1. Panicule de grandeur naturelle, *variété aristée*.

2. Grain (grossi), vu par sa face sillonnée et privée de toutes ses enveloppes florales, entouré seulement de son carpe et de son derme.

3. Le même, vu par sa face embryonnaire.

4. Portion de gaine de la feuille grossie.

AVOINE ORIENTALE (Avena orientalis).

5. Panicule de grandeur naturelle, variété sans arête, dans son état normal de développement.

6. Epiet (grossi), formé de deux fleurs, qui sont enveloppées par deux grandes bractées membraneuses.

7. Une fleur (grossie), présentant sa face interne.

8. Une fleur (grossie), vu par sa face convexe ou par son grand sépale.

AVOINE FOLLE (Avena fatuæ).

9-10. Deux fleurs (grossies), dont les sépales externes sont couverts de longs poils, et portent, vers le milieu de leur dos, une longue arête, souvent genouillée vers son milieu (cette arête avorte souvent).

Planche TRITICACÉES 11.

RIZ CULTIVÉ.

(*Oriza sativa*, Linn.).

1. Panicule de grandeur naturelle de la variété aristée du ***Riz cultivé***.

2. Fragment de panicule de la variété sans barbes (ou mutique).

3. Base de lame de feuille, accompagnée de ses ligules lancéolées aiguës, dues au dédoublement de la gaine.

4. Fleur (grossie) accompagnée de ses deux bractéoles linéaires (peu visibles).

4.* Coupe transversale d'une fleur complète. (***Br.***) Bractéoles, placées devant les bords. (***S. ext.***) Sépale externe couvrant les bords des deux internes. (***S. int.***) Sépales internes placés devant le bractéole de droite. (***P.***) Pétales placés sur le bord droit. (***E.***) Six étamines, dont trois plus écartées, qui constituent la rangée la plus extérieure, et les trois autres le rang interne. Au centre est le carpel, portant à gauche l'embryon (***Emb.***) ; tout le reste est l'albumen (***Albim.***).

5. Sépales externes, dans diverses positions. La troisième figure présente le sépale, qui recevait dans sa concavité le bord embryonnaire du grain (ou carpe), tous aristés.

6. Le même sépale externe sans arête. Le dernier (à droite) recevant le bord embryonnaire du grain.

7. Le carpe (ou grain) dépouillé de ses enveloppes florales (sépales, pétales, étamines). Le premier (à gauche), vu par son bord interne, le deuxième par son bord externe ou embryonnaire (l'embryon est à sa base), le troisième est vu par l'une de ses faces et présente l'embryon sur son bord gauche et à sa base.

7.* Le carpe (ou grain) privé de toutes ses enveloppes et coupé parallèlement à ses faces ; à gauche et au bas est l'embryon.

8. Fleur privée de ses bractéoles et de ses sépales, (***P.***) ses deux pétales (le troisième manque), (***C.***) carpe, (***Stig.***) stigmate plumeux.

9. Pétale triangulaire-cordiforme.

10. Étamines se présentant, la première par l'un de ses bords, la deuxième par sa face ouvrante, la troisième (à droite) par son dos.

11. Portion de surface du sépale externe, pour montrer ses poils durs et couchés.

Planche TRITICACÉES 12.

PORT (réduit) DU MAÏS COMMUN.

1. Germination, en bas; la racine embryonnaire au-dessus du grain une racine adventive.

2. Racine adventive, naissant sur la tige.

3. Germination plus avancée. (*Alb.*) Albumen, (*R.*) racine embryonnaire, (*Cotyl.*) cotyle placé à la partie intérieure (vers l'axe) du grain, au lieu d'être en dehors de l'axe, comme dans les autres *Triticacées*. (*R. adv.*) Racine adventive, qui conséquemment naît de la tige.

4. Racine plus développée, tige et feuilles engainantes. Les deux supérieures portent à leur aisselle des épis de fleurs carpellées. Les filaments qui sortent des bractées sont la fin des styles (t.), et au bout les stigmates.

5. Cette portion, ajoutée au sommet de la précédente, porte encore des feuilles, et à l'extrémité est la panicule de fleurs anthérées.

Planche TRITICACÉES 13.

VARIÉTÉS DE MAÏS COMMUN.

1. Variété tuniquée du *Maïs commun*, dont les bractées et les sépales, peut-être les pétales enveloppent complètement le carpe, qu'on ne peut découvrir qu'en les enlevant. Cet épi était en outre enveloppé par de grandes bractées.

2. Variété à grains (carpes) nus, comme celui que nous voyons dans nos cultures.

3. Variété à grains (carpes) pointus, nommée *Maïs à bec*.

4-8. Enveloppes des carpes du *Maïs tuniqué* (grossies).

9. Fleur du *Maïs tuniqué* grossie. En avant, au centre, dans l'albumen, est l'embryon placé dans ce genre entre le grain et l'axe floral, au lieu d'être en dehors, comme dans les autres *Triticacées*.

VITISACÉES.

VITISACEÆ (*Sering., cours bot.* 1847, *flor. jard.* 3, *p.* 565, (1849).

et flor. pharm. 109, (1852) (1).

ARBUSTES sarmenteux, noueux.

FEUILLES alternes, simples, à fibres palmées et élégamment pliées en éventail à leur premier développement (rarement composées palmées), souvent opposées à une grappe ou à une vrille, qui n'est qu'une grappe plus ou moins partiellement avortée et qui termine le rameau, tandis que de la feuille opposée part un bourgeon qui allonge le rameau latéralement.

FLEURS peu apparentes, en grappes composées, sans bractées régulières et complètes le plus souvent.

SÉPALES 5, rarement 4, tellement unis et souvent si courts qu'ils ne se présentent que comme un simple anneau au sommet de chaque pédicelle, persistant sans s'accroître.

PÉTALES 5, rarement 4, alternes avec les sépales, oblongs, libres, mais paraissant unis par suite de leur parfait affleurement, soulevés ensemble sans se séparer par le développement des étamines qui les détache de leur base.

ETAMINES 5 libres, ainsi que les pétales, et devant eux, anthères ouvrant en dedans et fixées au sommet du filet par le milieu du dos.

CARPELS 2 collamellaires, unis dans toute leur longueur, formant à la maturité un capitel sphérique ou ovoïde succulent, dont la colonne des deux styles et les stigmates s'est desséchée après la fleuraison. A la base de ces carpels unis on voit souvent un disque

(1) *Vites* et *Vignes* A.-L. de Juss., genr. 367 (1789). — *Sarmentacées*, Vent. tabl. 3, p. 167 (1799). — *Viniferæ* A.-L. de Juss., mém. mus. 3, p. 413. — *Ampelideæ* Kunth dans Humb. et Bonpl., nov. genr. 3, p. 220 et p. 413. — *Viticeæ*, Lindl., introd., éd. 2, p. 30. — *Vitacées*, A Rich., élém. hist. méd. 3, p. 461 (1849).

glanduleux qui se dessèche bientôt et a complètement disparu à la maturité. Exocarpe membraneux, formant la pellicule du grain, tandis que le mésocarpe est extrêmement utriculeux et rempli d'un suc d'abord acide qui devient sucré à la maturité. Endocarpe à peine visible, tapissant la face interne de chaque loge.

GRAINES irrégulièrement obovoïdes, dressées; 2 dans chaque carpe (ou loge), parfois nulles par avortement. Exoderme membraneux mince, mésoderme sec, très dur et imitant un petit noyau, tandis que l'endoderme est mince, membraneux, flexueux, enveloppe l'albumen, qui est épais, charnu, et entoure l'embryon : très petits cotyles elliptiques, petiolés, obtus et foliacés à la germination.

Genr. 1, VIGNE

(VITIS, *Linn.*).

Genr. 2, CISSE

(CISSUS, *Linn.*).

Ces deux genres offrent les caractères indiqués dans la famille, cependant les *Vignes* perdent leurs pétales qui sont soulevés par le développement ascensionnel des étamines, tandis que dans les *Cisses*, les pétales s'écartent du sommet à la base. Les *vignes* ont des feuilles simples, les *Cisses* des feuilles ordinairement composées, palmées ou pennées. Quant aux pétales et aux étamines, il paraîtrait que le nombre quinaire serait assez fixe pour les *Vignes*, et le quaternaire pour les *Cisses*.

Le genre *Ampelopsis*, étant rapporté aux *Cisses*, il ne peut servir de radical à la famille ; il a donc fallu faire du mot *Vitis* les *Vitisacées* pour rentrer dans le principe admis pour la nomenclature correcte de ces grandes divisions.

EXPLICATION

de la planche des VITISACÉES.

1. Germination de la *Vigne vinifère*. Dans le milieu de la hauteur figurent ses 2 cotyles ovales, pétiolulés, opposés et entiers, et au-dessus les deux feuilles qui leur succèdent. — 2. *Feuille* simple palmée, moins grande que nature. — 3. *Fleur* (grossie). En bas, une portion de pédicelle, qui se dilate à son sommet. — En S les 5 sépales unis, dont on distingue à peine les lames sous la forme de dents. En P les pétales affleurés et comme unis au sommet, détachés par leur base et soulevés par les étamines en E, qui sont devant les pétales. —Au centre s'aperçoivent à peine les deux carpels unis. — 4. La même fleur dont les pétales sont tombés— S sépales, — E étamines, — C carpels unis par leurs carpes, leurs courts styles et leurs stigmates. — 6. Carpels unis par leurs carpes, styles et stigmates (ces deux derniers désarticulés du capitel obovoïde, qui forme le grain du raisin). — 7. Le même capitel coupé en travers. — 8. Fragment de grappe en fruit de l'*Aspirant gris*. — 9. Fragment de grappe du *Chasselas ciotat* en fleur. — 10 Une fleur du même, présentant en bas des sépales unis par leur base et libres au-dessus. Au haut de la planche une graine (grossie) coupée en long, afin de montrer en bas le point par lequel elle tenait à la base du grain (de raisin). La triple membrane qui entoure l'albumen est très épaisse, comme ligneuse. Le funicule, après l'avoir parcourue dans une portion de son étendue, vient s'épanouir au moyen d'une espèce de cicatrice par laquelle l'embryon et l'albumen ont reçu la fécondation et bien plus longtemps le suc nutritif. Vers le tiers inférieur du grand albumen se trouve un embryon dressé, qui présente en bas sa racine, et au-dessus ses cotyles.

Taille de la vigne en vert.

On commence à appliquer à la *Vigne* l'espèce de *taille en vert*, que les jardiniers nomment *pincement*. Quoi qu'ils en disent, c'est une véritable taille, mais faite sur un rameau de l'année en pleine végétation.

Quelques viticulteurs intelligents coupent la jeune pousse de vigne immédiatement au-dessus de la grappe (en très-jeunes boutons).

On sait que vis-à-vis ces grappes sont autant de feuilles et qu'à l'aisselle de chacune d'elles se trouve un bourgeon.

Par cette opération, la portion de jeune branche supprimée ne peut plus attirer la sève, mais il s'en porte assez sur la portion restée pour avancer la végétation, quoique moins activement.

Les jardiniers disent alors que la sève est refoulée : cette idée est complètement fausse ; seulement il n'en monte pas autant que quand la partie au-dessus de la taille se trouvait en place, car l'évaporation aqueuse qui s'y produisait étant nulle, la sève ascendante ne pouvait se porter aussi rapidement pour remplacer l'humidité placée dans ces jeunes tissus, et qui s'évaporait d'autant plus rapidement que la lumière et la chaleur environnantes étaient plus considérables.

Les bourgeons laissés au-dessous de la taille, recevant latéralement un plus grand afflux de la sève, que lorsqu'elle montait directement au rameau, grossissent rapidement, et bientôt on voit apparaître devant ses feuilles inférieures, une ou deux nouvelles grappes, que les cultivateurs nomment des *agrès* : ce sont des grappes secondaires.

Si l'on traite cette seconde apparition de branche comme on l'a fait pour la première, on voit encore d'autres bourgeons se développer et produire souvent aussi de troisièmes grappes. Ces dernières surtout ne peuvent plus mûrir, à moins qu'elles se trouvent placées dans un milieu où la végétation puisse continuer.

Ce fait intéressant de physiologie végétale peut recevoir de nombreuses applications sur d'autres plantes ligneuses, et même sur les *herbacées;* mais, pour réussir complétement, il faut que l'horticulteur ou l'amateur soit continuellement à caresser ses plantes, comme l'habitant de Montreuil, qui emploie tout son temps à cultiver ses *espaliers de pêchers.*

Lycopersique comestible

Gentianacées 1.

Ményanthe trilobé

Borraginacées 1.

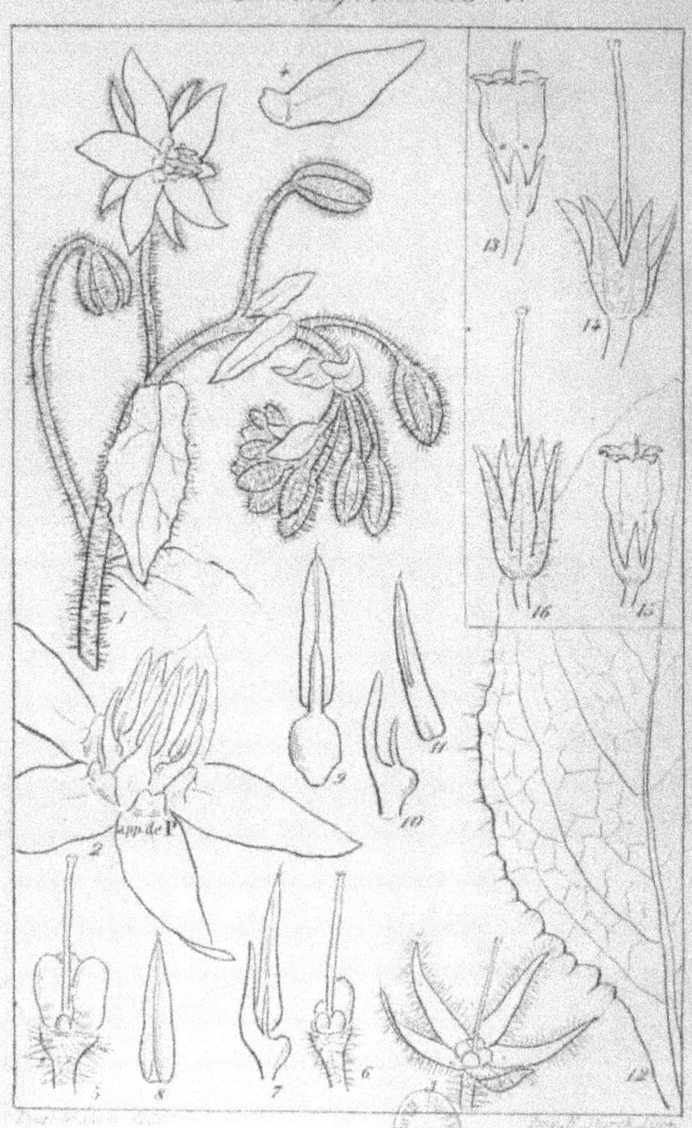

Bourrache officinale

Angelicacées 1

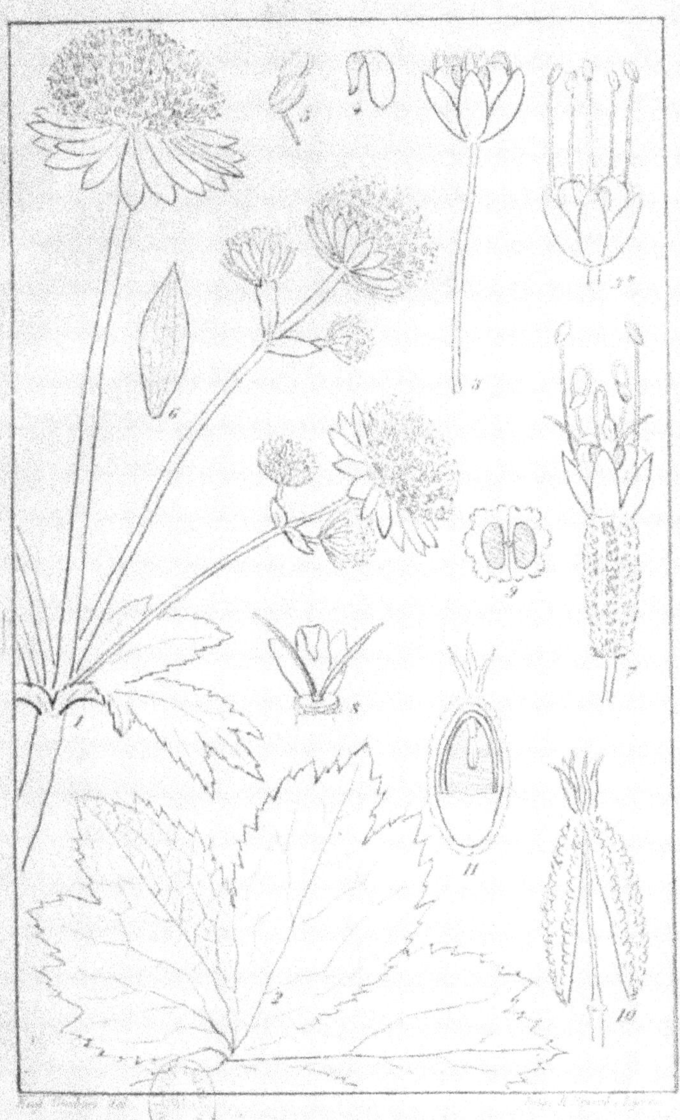

Astrance grande

Fabacées 1.

Poids cultivé

Capparidées 1

Caprier commun

La pagination de l'*Analyse des Familles végétales* n'est indiquée que pour une famille donnée (non pour l'ensemble).

Quand une planche ne porte en tête que *Papavéracées* (sans nombre), cela indique que je n'ai pas cru devoir ajouter une seconde planche.

Quand, au contraire, elle porte :

Capparisacées 1,

Capparisacées 2,

cela indique que j'ai cru devoir accompagner cette famille de deux planches. Si tôt ou tard, je pensais qu'il fût nécessaire d'en avoir une de plus, elle porterait :

Capparisacées 3.

et ainsi de suite.

Quant au texte, la pagination est indiquée au bas des pages :

PAPAV. 1,

PAPAV. 2, etc.

Par ces deux moyens, les additions au texte ou aux planches pourront se faire facilement, s'il y a lieu.

Par cette double numérotation, chacun aura la possibilité de rapporter à leur ordre respectif toutes les additions ou corrections qu'on pourrait avoir à faire.

D'ailleurs j'ai déjà indiqué qu'on pourra trouver la position des familles, que je crois devoir conseiller, dans ma *Nouvelle disposition des Familles végétales*, établie par classes, sous-classes, ordres et sous-ordres.

ON TROUVE A LA MÊME LIBRAIRIE

ET PAR LE MÊME AUTEUR.

Flore du Pharmacien, du Droguiste et de l'Herboriste, ou description des plantes médicinales, spontanées ou cultivées en France, disposées par familles, in-18, de 900 pages (8 fr.).

Nouvelle disposition des Familles végétales, par *classes*, *sous-classes*, *ordres* et *sous-ordres*, avec les caractères distinctifs de ces divisions, accompagnées de planches, d'un grand tableau, etc., in-4, 1856 (3 fr.).

Analyse des Familles végétales, texte et planches, 4 planches in-8, ou 2 in-4, par livraison (1 fr. 50 c.).

Lyon, Imp. H. Storck.

www.ingramcontent.com/pod-product-compliance
Ingram Content Group UK Ltd.
Pitfield, Milton Keynes, MK11 3LW, UK
UKHW022058170726
13837UKWH00003B/1001

9 782329 221571